建设工程施工安全管控丛书

U0818389

市政工程施工
安全管控指南

市政道路工程篇

石军胜 / 主编
李 欣 黄先文 谭志斌 巩俊松 王 鹏 / 副主编

中国矿业大学出版社
· 徐州 ·

内容提要

本书是建设工程施工安全管控丛书之一，是根据市政工程项目施工特点编写而成的，书中对市政工程施工过程中常见风险进行了提炼总结，提出了相应的管控措施，并结合施工现场收集了相关图例。本书主要内容包括市政道路工程、市政桥梁工程、管廊工程、污水处理工程在施工过程中各环节的安全管控措施，是施工现场安全管理、技术管理、管理制度制定、应急处置措施制定、方案编制、现场作业人员作业交底的重要依据，对市政工程项目施工安全管控具有重要的指导作用。

本书可作为市政工程施工企业现场安全管理的工具书，也可作为土木工程专业师生的参考资料。

图书在版编目(CIP)数据

市政工程施工安全管控指南/石军胜主编. —徐州：中国矿业大学出版社，2023.12

ISBN 978-7-5646-5741-3

Ⅰ. ①市… Ⅱ. ①石… Ⅲ. ①市政工程—工程施工—安全管理—指南 Ⅳ. ①TU990.05-62

中国国家版本馆 CIP 数据核字(2023)第 037378 号

书　　名　市政工程施工安全管控指南
主　　编　石军胜
责任编辑　黄本斌
出版发行　中国矿业大学出版社有限责任公司
（江苏省徐州市解放南路　邮编 221008）
网　　址　http://www.cumtp.com　**E-mail**：cumtpvip@cumtp.com
营销热线　(0516)83885370　83884103
出版服务　(0516)83995789　83884920
印　　刷　苏州市古得堡数码印刷有限公司
开　　本　787 mm×1092 mm　1/16　**印张** 17.25　**字数** 410 千字
版次印次　2023 年 12 月第 1 版　2023 年 12 月第 1 次印刷
总 定 价　76.00 元(共四分册)

《市政工程施工安全管控指南》
编委会

市政道路工程篇

主要起草人：王志军、孙健杰、肖科、何润鹏、覃丽娜、黄雪霁、王思杰、石洋磊、朱玉栋、赵明、王海军、杨志军、石景照、黄炳继、周昊

主要审核人：黄先文、谭志斌、王纯岩、田慧、张青、王勇

市政桥梁工程篇

主要起草人：王欣、徐小明、张志敏、王天野、蒋新建、李杰、杨少武、林鹏、宋威、亢晨阳、张德磊、刘波、魏宝柱、谷卫峰、李舒萍、杜佳宝、李文深、肖林、王焕香

主要审核人：黄先文、何青义、张林、杨帆、田慧、王岩、王志军、王勇、张青

管廊工程篇

主要起草人：田慧、林锡森、文金龙、黄智勇、程兵、李兴杰、付文祥、曾佳鑫、林建文、周捷、江灏、王长利、黄晖、刘为民、任祥华、叶子祎、康皓原

主要审核人：王友涛、王鹏、方涛、何青义、孟一曼、王纯岩、朱德君、张世超、张青、王勇

污水处理工程篇

主要起草人：席春生、徐小明、刘洪蛟、克斌、吴新坤、丁峰、张志波、宋定鹏、彭梦园、祝海波、丁立、崔凯、张炜恩、高常红、何国强

主要审核人：贾志立、史卫东、李智、张青、王勇

前　言

为贯彻“安全第一、预防为主、综合治理”的安全生产方针，有效建立并落实“安全风险分级管控和隐患排查治理双重预防机制”，中国二十冶集团有限公司对近年来发生的典型事故案例进行分析，结合建筑施工领域各业务板块的项目特点、施工工艺和施工风险，总结提炼了安全管控重点，形成了建设工程施工安全管控丛书。本丛书对规范建筑施工现场安全风险管控，保障建设工程施工企业安全生产具有重要的指导意义。

《市政工程施工安全管控指南》是建设工程施工安全管控丛书之一，包括市政道路工程篇、市政桥梁工程篇、管廊工程篇和污水处理工程篇。本书根据市政工程项目施工特点，对施工过程中常见风险进行了辨识，提出了相应的管控措施，并收集了相关作业图例。本书可作为施工现场安全管理、技术管理、管理制度制定、应急处置措施制定、方案编制、现场作业人员作业交底的重要依据，对市政工程施工安全管控具有非常重要的指导作用。

本书由石军胜任主编，李欣、黄先文、谭志斌、巩俊松、王鹏任副主编，成建军、鲁云科、袁志文、王友涛、程由奎任主审。编者在编写过程中，得到了有关技术专家和安全专家的大力支持与帮助，并参考了诸多专家学者的有关研究成果，在此一并向他们表示衷心的感谢。

鉴于市政工程安全生产涉及面广、影响因素多、技术要求高，加之国家、地方规范和标准更新较快，因此本书编制的内容如果出现与现行国家、地方规范和标准不一致的内容，以现行国家、地方规范和标准为准。

由于编者水平有限，书中难免存在疏漏之处，敬请广大读者批评指正。

编　者

2023 年 10 月

目　录

市政道路工程篇

市政桥梁工程篇

管廊工程篇

污水处理工程篇

随着我国城镇化建设的不断加快，城市的各种基础设施都得到了较大的发展，其中市政道路工程的发展最为迅速。市政道路工程的建造具有一定的特殊性，施工过程中存在诸多的不稳定因素。作为施工安全管理的基本原则，“安全是首要，预防是基础，综合管控是核心”须贯穿施工安全管理全过程。本篇内容有别于市政公用工程相关的“安全技术规程”和“安全操作规程”，它是从预防的角度出发，以施工工序中存在的主要风险为关注点，旨在为现场施工安全管理人员提供管控“抓手”。本篇通过对工程各参与方安全管理的经验和教训进行整理总结，最终编写而成。

一、市政道路工程概述

（一）市政道路工程简介

1. 新建道路工程

新建道路工程施工过程中，主要存在坍塌、垮塌、触电、高空坠落、机械伤害和火灾等风险。

2. 既有道路改造工程

既有道路改造工程施工过程中，主要存在坍塌、垮塌、触电、高空坠落、机械伤害和火灾等风险。既有道路改造工程相较于其他道路施工具有很多相似的地方，但是也具有自己的独特之处，即施工过程中施工环境多变、新老设备功能融合，还涉及电力设备、通信设备以及各种管道、照明和交通安全设施等一系列的分项工程。而且施工一般都在城市内进行，如城市的大街小巷，施工的场地就变得十分狭小，施工现场基本无法全部封闭施工，施工期间常常会因为施工区域的环境和交通情况受到限制。在施工过程中也会对市民的生活和出行造成一定的影响，因此受到各方关注，绿色环保及文明施工的要求也较高，在一定程度上加大了对工程安全的管控难度。

3. 道路工程及其相关工程分部分项划分表

单位工程（子单位工程）	分部工程	子分部工程	分项工程
道路工程	道路路基	—	土方路基、石方路基、路基处理、路肩
	道路基层	—	石灰土基层、石灰粉煤灰稳定砂砾（碎石）基层、石灰粉煤灰钢渣基层、水泥稳定土类基层、级配砂砾（碎石）基层、级配碎石（碎砾石）基层、沥青碎石基层、沥青贯入式基层
	道路面层	沥青混合料面层	透层、粘层、封层、热拌沥青混合料面层、冷拌沥青混合料面层
		沥青贯入式与沥青表面处治面层	沥青贯入式面层、沥青表面处治面层
		水泥混凝土面层	水泥混凝土面层（模板、钢筋、混凝土）
	广场与停车场	铺砌式面层	料石面层、预制混凝土砌块面层
		—	料石面层、预制混凝土砌块面层、沥青混合料面层、水泥混凝土面层

续表

单位工程（子单位工程）	分部工程	子分部工程	分项工程
道路工程	人行道	—	料石人行道铺砌面层（含盲道砖）、混凝土预制块人行道铺砌面层（含盲道砖）、沥青混合料铺筑面层
	人行地道结构	现浇钢筋混凝土人行地道结构	地基、垫层、防水、基础（模板、钢筋、混凝土）、墙体与顶板（模板、钢筋、混凝土）
		预制安装钢筋混凝土人行地道结构	墙板与顶部构件预制、地基、垫层、防水、基础（模板、钢筋、混凝土）、墙板安装、顶板安装
		砌筑墙体、钢筋混凝土顶板人行地道结构	顶部构件预制、地基、防水、基础（模板、钢筋、混凝土）、墙体砌筑、顶部构件与顶板安装、顶部现浇（模板、钢筋、混凝土）
	挡土墙	现浇钢筋混凝土挡土墙	地基、基础、墙（模板、钢筋、混凝土）、滤层及泄水孔、回填土、帽石、栏杆
		装配式钢筋混凝土挡土墙	挡土墙板预制、地基、基础、墙（模板、钢筋、混凝土）、墙板安装（含焊接）滤层及泄水孔、回填土、帽石、栏杆
		砌筑挡土墙	地基、基础（砌筑、混凝土）、墙体砌筑、滤层及泄水孔、回填土、帽石
		加筋土挡土墙	地基、基础（模板、钢筋、混凝土）、加筋挡土墙砌块与筋带安装、滤层及泄水孔、回填土、帽石、栏杆

续表

单位工程（子单位工程）	分部工程	子分部工程	分项工程
道路工程	附属构筑物	—	路缘石、雨水支管与雨水口、排(截)水沟、倒虹管及涵洞、护坡、隔离墩、中央分隔带、防撞栏、护栏、声屏障(砌体、金属)、防眩板
给排水管道工程	土方工程	—	沟槽土方(沟槽开挖、沟槽支撑、沟槽回填);基坑土方(基坑开挖、基坑支护、基坑回填)
	预制管开槽施工主体结构	金属类管、混凝土类管、预应力钢筒混凝土管、化学建材管	管道基础、管道接口连接、管道铺设、管道防腐层(管道内防腐层、钢管外防腐层)、钢管阴极保护
	管渠(廊)工程	现浇钢筋混凝土管渠、装配式混凝土管渠、砌筑管渠	管道基础、现浇钢筋混凝土管渠(钢筋、模板、混凝土、变形缝)、装配式混凝土管渠(预制构件安装、变形缝)、砌筑管渠(砖石砌筑、变形缝)、管道内防腐层、管廊内管道安装

续表

单位工程（子单位工程）	分部工程	子分部工程	分项工程
给排水管道工程	不开槽施工主体结构	工作井	工作井围护结构、工作井
		顶管	管道接口连接、顶管管道（钢筋混凝土管、钢管）、管道防腐层（管道内防腐层、钢管外防腐层）、钢管阴极保护、垂直顶升
		盾构	管片制作、掘进及管片拼装、二次内衬（钢筋、混凝土）、管道防腐层、垂直顶升
		浅埋暗挖	土层开挖、初期衬砌、防水层、二次内衬、管道防腐层、垂直顶升
		定向钻	管道接口连接、定向钻管道、钢管防腐层（内防腐层、外防腐层）、钢管阴极保护
		夯管	管道接口连接、夯管管道、钢管防腐层（内防腐层、外防腐层）、钢管阴极保护
	沉管工程	组对拼装沉管	基槽浚挖及管基处理、管道接口连接、管道防腐层、管道沉放、稳管及回填
		预制钢筋混凝土沉管	基槽浚挖及管基处理、预制钢筋混凝土管节制作（钢筋、模板、混凝土）、管节接口预制加工、管道沉放、稳管及回填

续表

单位工程（子单位工程）	分部工程	子分部工程	分项工程
给排水管道工程	桥管工程	—	管道接口连接、管道防腐层（内防腐层、外防腐层）、桥管管道
	附属构筑物工程	—	井室（现浇混凝土结构、砖砌结构、预制拼装结构）、雨水口及支连管、支墩
照明工程	架空线路	—	电杆基坑开挖、电杆埋设、电杆的横担安装、绝缘子与拉线安装、导线架设
	低压电线电缆线路	—	电线电缆敷设（直埋聚氯乙烯护套铠装电缆、过路镀锌套管埋设及穿线、塑料套管埋设及穿线）
	配电装置与控制	—	基础型钢安装、配电柜（箱、盘）安装、配电柜（箱、盘）电器安装、二次回路接线、路灯控制系统
	安全保护	—	接零和接地保护、接地装置
	路灯安装	路灯基础	路灯基础挖土、路灯基础锚固螺栓制作、路灯基础锚固螺栓安装、路灯基础模板、路灯基础混凝土浇筑
		路灯安装	中杆灯和高杆灯制作，中杆灯和高杆灯安装；单挑灯、双挑灯和庭院灯制作，单挑灯、双挑灯和庭院灯安装

续表

单位工程（子单位工程）	分部工程	子分部工程	分项工程
绿化工程	喷淋及滴灌系统	—	沟槽开挖、喷淋及滴灌系统安装、沟槽回填
	种植土铺设及整形	—	回填种植土、外观整形
	植树及种花草	—	植穴挖掘、植树填土、树体临时加固、栽花种草、修剪、浇水、维护
电力管沟工程	砌筑电力管沟	—	沟槽开挖、地基处理、混凝土垫层、管沟砌筑、安装电缆沟支架、管沟墙体顶部压梁（钢筋、模板、混凝土浇筑）、管沟内抹灰、管沟上盖预制混凝土板、管沟两侧回填土、管沟检查井、管沟工作井
	过路玻璃钢管电力排管	—	沟槽开挖、地基处理、混凝土垫层、砌筑支承墩、填筑石屑垫层浇水沉实、安放玻璃钢管与电力管沟连接、再填筑石屑垫层浇水沉实、再安放玻璃钢管、再填筑石屑垫层浇水沉实、再安放玻璃钢管、再填筑石屑垫层浇水沉实、铺设道路结构层
	过河引管电力排管	—	机械引管钻机施工、制作过河管道和过河引管、同两侧电力管沟连接

续表

单位工程（子单位工程）	分部工程	子分部工程	分项工程
交通工程	标线	—	各种标线
	标志	—	各种标志
	交通控制系统	—	交通控制系统
	交通信号装置	—	交通信号装置
	交通管线	—	电线和电缆护管敷设、电线电缆穿线
	交通控制箱配电系统	—	交通控制箱配电系统、接零和接地保护、接地装置
	其他设施	—	车障柱、盲人过街声控设施

4．市政道路工程方案编制计划

序号	方案名称	方案类别	编制要求
1	施工控制网测量方案	专业施工方案	必选
2	施工测量放线方案	专业施工方案	必选
3	施工现场临时用电专项施工方案	专项施工方案	必选
4	施工现场临时用水施工方案	专业施工方案	必选
5	施工临时便道方案	专业施工方案	必选
6	桩基施工方案	专业施工方案	若涉及必选
7	路基处理施工方案（包括抛石挤淤、换填、搅拌桩等）	专业施工方案	若涉及必选
8	道路、管线加固安全专项施工方案	专项施工方案	若涉及必选
9	土方工程施工方案	专业施工方案	必选
10	箱涵、通道施工方案	专业施工方案	若涉及必选
11	挡墙施工方案	专业施工方案	若涉及必选
12	路基施工方案	专业施工方案	必选
13	试验段施工方案（包括路基、路面基层及面层）	专业施工方案	必选
14	路面施工方案	专业施工方案	必选
15	人行道施工方案	专业施工方案	若涉及必选
16	边坡防护施工方案	专业施工方案	若涉及必选
17	交通导行专项方案	专项方案	若涉及必选

续表

序号	方案名称	方案类别	编制要求
18	顶管工程安全专项施工方案	专项施工方案	若涉及必选
19	给排水管道施工方案	专业施工方案	若涉及必选
20	综合管线(电气、燃气、通讯)施工方案	专业施工方案	若涉及必选
21	交通安全设施施工方案	专业施工方案	若涉及必选
22	景观绿化施工方案	专业施工方案	若涉及必选
23	海绵城市施工方案	专业施工方案	若涉及必选
24	季节性施工方案	综合性施工方案	必选

(二)市政道路工程主要风险

1. 坍塌

(1)定义:开挖面塌落或土体滑坡等造成伤害的现象。

(2)存在的主要作业环节或施工工序:基坑开挖、管线(沟、漕)基础施工和高边坡施工等作业环节。

(3)诱发因素:在施工过程中,未按照施工方案施工、预留边坡不足或形成反坡、支护措施不及时、土体暴露时间过长、暴雨或其他异常天气及地质情况突变等。

2. 垮塌

(1)定义:基坑、管线(沟、漕)工程的支撑体系脱落,结构施工过程中的支撑体系失稳造成的垮塌事故。

(2)存在的主要作业环节或施工工序:基坑支护、高大模板支撑等。

(3)诱发因素:在施工过程中,模板支撑体系受到外力撞击、围护结构入土深度不足、围檩安装不牢固、支撑结构设置不足或支撑体系验算考虑的荷载不足、未按照施工方案施工等。

3. 触电

(1) 定义:电流通过人体内部,使肌肉非自主地发生痉挛性收缩造成的伤害事故(分为直接触电、间接触电)。

(2) 存在的主要作业环节或施工工序:使用电动工具或机械设备,潮湿、密闭、狭小空间作业,生活区用电等。

(3) 诱发因素:未设置防护或防护不当,违章操作,在潮湿、密闭、狭小空间作业时未使用安全电压,未采用 TN-S 接零保护系统等。

4. 高空坠落

(1) 定义:在施工现场高空或临边作业中,未采取防护措施、防护不足或作业不当都可能发生人或物的坠落。人从高处坠落的事故,称为高处坠落事故;物体从高处坠落砸到下面人的事故,称为物体打击事故。

(2) 存在的主要作业环节或施工工序:高处作业、攀爬杆架、临边(洞口)作业和交叉作业等。

(3) 诱发因素:未设置防护或防护不当,未佩戴或未正确使用劳动防护用品等。

5. 机械伤害

(1) 定义:在施工作业中,机械运动打击、倾覆和杆件挤压对施工人员和第三方造成的伤害。

(2) 存在的主要作业环节或施工工序:施工作业中使用挖掘机、汽车、起重机、推土机、平地机、压路机、摊铺机及地基加固工程中的高压喷射机等。

(3) 诱发因素:场地狭窄、未设置警戒区域、无专人监护、夜间施工照明条件差、机械维护保养不及时、地基处理不满足荷载要求、机械设备操作经验不足或操作失误等。

6. 火灾

(1) 定义:指施工现场意外发生的燃烧。

(2) 存在的主要作业环节或施工工序:施工用电、电焊作业、防水层作业、施工人员食宿、装饰装修工程等。

(3) 诱发因素:材料耐火等级不达标、电器质量不合格、私拉乱接电线、可燃物管理不到位、电气设备、电线线路老化和使用明火不当等。

二、常见风险及管控措施

（一）交通导行施工

序号	风险点	风险分析	管控措施	相关图例
1	交通导行专项方案	(1) 未编制交通导行专项方案或未对交通导行专项方案进行报审和备案，违规施工。 (2) 未对现有交通状况进行调查、居民出行路线进行核查、临时便道设置不合理	(1) 编制交通导行专项方案，获得交通管理和道路管理部门批准备案后方可组织实施。 (2) 进行交通现状调查，对预计设置的临时便道进行实地勘察	 ××××××项目 交通导行专项方案 编 制: 审 核: 批 准: ××××××公司 ××××项目经理部 ×××年××月 编制专项方案
2	围挡倒塌伤害	(1) 未按交通导行专项方案进行围挡设置施工。 (2) 未及时收集天气情况，特别是台风、暴雨等恶劣天气情况。 (3) 未定期对围挡进行安全巡查，围挡未进行全封闭。 (4) 围挡外侧未按要求设置锥形桶	(1) 严格按照方案要求进行施工，临时占用可采用水马围挡进行道路线形封闭，围挡施工完毕后进行验收，验收合格后方可使用。 (2) 应及时根据天气情况，针对围挡采取积极有效的加固措施。 (3) 应定期安排专人对围挡进行巡查，定期维护，发现问题及时进行修复；围挡进行全封闭。 (4) 围墙外侧设锥形桶	 围挡

续表

序号	风险点	风险分析	管控措施	相关图例
3	交通疏导标志设置	(1) 未根据交通导行专项方案设置交通导向牌。 (2) 未对施工区域进行交通控制区域划分，车辆通行混乱。 (3) 路况复杂情况下，未与交通管理部门协商指派交通疏导员	(1) 在交通导行专项方案中确定交通导行领导小组，明确交通标志设置。 (2) 对于车辆引导，在施工区域前方 50 m 处，需设置“前方施工　注意安全”标志牌、限速标志牌、车道变窄标志牌等。 (3) 对于行人引导，需在施工围挡上设置行人引导标志。 (4) 与交通管理部门协商，指派交通疏导员疏导复杂交通情况	 警示标志牌
4	夜间照明、警示灯	(1) 未按照夜间施工方案进行照明工具的设置，施工照明强度不满足夜间作业要求。 (2) 夜间警示灯未按照公安交通管理的相关规定进行设置。 (3) 未对夜间警示灯进行定期的维护检查，导致信号灯失去作用，造成交通事故	(1) 按照夜间施工方案进行照明工具的设置，保证夜间施工车辆安全通行。 (2) 夜间警示灯严格按照公安交通管理的相关规定进行设置，保证夜间行人、车辆安全通行。 (3) 对夜间警示灯进行定期的维护检查，保证夜间警示灯正常使用	 夜间警示灯

续表

序号	风险点	风险分析	管控措施	相关图例
5	临时标志牌倾倒	(1) 临时标志牌、标杆未采取有效的固定措施,导致发生倾斜、倾倒、挤压,造成伤害。 (2) 未及时关注天气情况,在恶劣天气时,未进行加固	(1) 采取深埋、沙袋挤压等固定措施,保证临时标志牌的稳固。 (2) 时刻关注天气情况,对大雨、大风等天气时,要对标志牌进行加固,避免对车辆、行人造成伤害	 临时标志牌
6	材料与设备堆放、运输	(1) 施工所用材料的堆放,现场使用的机械设备,未存放于施工区域外,影响行人、车辆通行。 (2) 施工材料的运输未保证不抛、不撒、不漏、不滴,造成路面污染。 (3) 施工完成后,未对剩余材料进行清理	(1) 对材料的堆放和现场使用的机械设备,应提前进行区域规划,有序存放。 (2) 施工材料的运输,不得超载,做好防护。 (3) 定时、定人对道路进行清理,保证路面整洁。 (4) 施工完成后、开放交通前,要对施工区域内材料进行清理,保证路面整洁,原有标志标线清晰	 运输车辆

续表

序号	风险点	风险分析	管控措施	相关图例
7	道路开挖	(1) 道路开挖未按方案实施，开挖深度、范围不明确，对城市管线造成损伤。 (2) 道路开挖靠近围挡 1 m 范围内，未在围挡外进行警示，对过往车辆和行人造成施工伤害。 (3) 道路开挖靠近围挡 1 m 范围内，在边缘进行土方堆载	(1) 严格按照审批后的方案实施，明确开挖深度范围。 (2) 开挖距离围挡小于 1 m 时，在围挡外侧设置警告标志牌，设置锥形桶，确保安全施工范围。 (3) 路基开挖时，距离开挖边线 1 m 范围内，严禁堆载	 围挡及锥形桶
8	降尘喷淋	(1) 未按方案设计要求安装喷淋设备，喷淋设备未全覆盖。 (2) 未定期对喷雾设备进行检修。 (3) 喷淋频次、时间不足，不满足防尘要求	(1) 严格按照方案要求安装合格的喷淋设备。 (2) 定期安排专人对喷淋设备进行检修。 (3) 严格按照要求的时间进行喷淋	 降尘喷淋

（二）土方施工

1. 土石方工程

序号	风险点	风险分析	管控措施	相关图例
1	土方开挖	(1) 未编制方案或未按照方案组织施工。 (2) 未按方案设置临边防护及人员上下坡道。 (3) 未组织人员进行进场安全教育及安全技术交底。 (4) 未按规定配备或正确穿戴劳动防护用品(安全帽、安全鞋、安全带)。 (5) 夜间施工无照明措施。 (6) 基坑周边及底部未设置截、排水措施。 (7) 土方开挖时无专人指挥，采用机械设备开挖时，开挖间距不足造成机械伤害。 (8) 土方开挖未按照方案设计工况分层分段进行开挖。 (9) 车辆行驶及材料堆放距离基坑边距离不足，造成安全隐患。	(1) 土方开挖必须严格按照施工组织设计和土方开挖方案进行；基坑开挖深度大于 3 m 的必须编制安全专项施工方案；基坑开挖深度大于 5 m 或周边环境复杂的必须编制安全专项施工方案并经专家论证后方可组织施工。 (2) 开挖深度超过 1.5 m 的，应设人员上下坡道和爬梯，以免发生坠落，开挖深度超过 2 m 的，必须在基坑边设置不低于 1.2 m 高护栏杆，并设置夜间警示灯。 (3) 所有作业人员必须接受安全教育及安全技术交底后方可上岗作业。 (4) 所有作业人员必须正确佩戴劳动防护用品，安全帽必须系好下颏带，锁好带扣。 (5) 夜间挖土时，施工场地应有足够的照明。 (6) 基坑上口周边必须设置挡水台和排水沟，确保排水畅通，保证边坡的稳定。 (7) 开挖土方时，应有专人指挥，防止机械伤人或坠土伤人，挖土机的工作范围内，不准进行其他作业；基坑开挖时，两人操作间距应大于 2.5 m。多台机械开挖时，挖土机间距应大于 10 m。 (8) 挖土应自上而下，逐层进行，严禁先挖坡脚或逆坡挖土。 (9) 重物距边坡应有一定距离，汽车不小于 3 m，起重机不小于 4 m，土方堆放不小于 1 m，堆土高度不超过 1.5 m，材料堆放应不小于 1 m。	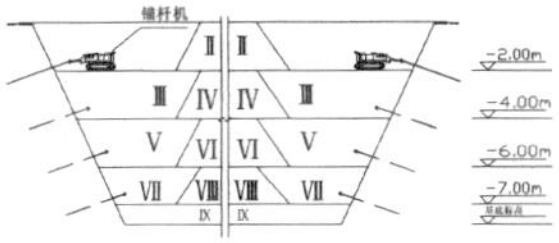 土方开挖工况图

续表

序号	风险点	风险分析	管控措施	相关图例
1	土方开挖	(10) 人员无证驾驶或驾驶与证件不符的车型。 (11) 材料运输直接从坑顶向坑内抛扔。 (12) 人员酒后驾驶车辆	(10) 挖土机应按规定离坡边有一定的安全距离，以防塌方，造成翻车事故，一般距离不小于 1.0～1.5 m。 (11) 驾驶人员应取得相关驾驶证，不驾驶与证件不符的车型。 (12) 坑上人员不得向坑内扔抛物品，避免发生物体打击事故。 (13) 土方开挖时，禁止人员酒后作业，严禁嬉戏打闹，禁止操作与自己无关的机械设备	 下基坑坡道示意图
2	石方开挖	(1) 未编制方案或未按照方案组织施工。 (2) 未组织人员进行进场安全教育及安全技术交底；特种作业人员未持证上岗。 (3) 未按规定配备或正确穿戴劳动防护用品(安全帽、安全鞋、安全带)。 (4) 爆破器材运输、储存及领用制度不完善。 (5) 爆破器材未按照规定进行检验。	(1) 石方爆破作业以及爆破器材的管理、加工、运输、检验及销毁等工作均应符合《爆破安全规程》(GB 6722—2014)、《〈爆破安全规程〉国家标准第 1 号修改单》(GB 6722—2014/XG 1—2016)的有关规定。 (2) 所有作业人员必须接受安全教育及安全技术交底后方可上岗作业；特种作业人员必须经考试合格并持证上岗。 (3) 所有作业人员必须正确佩戴劳动防护用品，安全帽必须系好下颏带，锁好带扣。 (4) 爆破器材应严格管理，必须实行实报实销，剩余的爆破材料必须当日退回库房，严禁私自收藏，乱堆乱放，更不能将爆破材料用作他用。每日对爆破器材进行清点，发现丢失、被盗应立即报告，等待处理。 (5) 爆破器材应按规定进行检验，对失效及不符合技术要求的不得使用。 (6) 爆破器材应由专人领取，炸药与雷管严禁由一人同时搬运，电雷管严禁与带电物品一起携带运送。爆破器材运送时，应避开人员密集区域，并直接送往工地，中途不得停留，并不得随地存放及带回宿舍。	 石方爆破准备

续表

序号	风险点	风险分析	管控措施	相关图例
2	石方开挖	(6) 炮位选择及炮眼施工操作不规范。 (7) 爆破作业未按要求设置警戒区,并安排专人进行指挥	(7) 选择炮位时,炮眼口应避开正对的电线、路口和构造物。 (8) 凿打炮眼时,坡面上的浮岩、危石应予以清理。凿眼所用工具和机械要详加检查,确认完好,严禁在残眼上打孔。 (9) 机械扩眼宜采用湿式凿眼或带有捕尘器的凿岩机。凿岩机支架要支稳,严禁用胸部或肩头顶把手。风动凿岩机的管道应顺直,接头要紧密,气压不应过高。电动凿岩机的电缆线宜悬空挂机,工作时应注意观察电流值是否正常。 (10) 空气压缩机必须在无荷载的情况下启动,开启送气阀前,应将输气管道接好,不得扭曲。在征得凿岩机操作人员同意后方可送气,出气口前方不得有人工作或站立。储气瓶内压力不得超过规定值,安全阀应灵敏有效。运转中应检查是否有异常情况,不得擅离岗位。 (11) 已装药的炮孔必须当班爆破,装填的炮孔数量应以一次的作业量为限。 (12) 爆破工作必须有专人指挥。确定的危险边界应有明显的标志,警戒区四周必须派设警戒人员。警戒区内的人、畜必须撤离,施工机具应妥善处置,预告、起爆、解除警戒等信号应有明确的规定。 (13) 石方地段爆破后,必须确认已经解除警戒,作业面上的浮岩危石也经检查处理后,清理石方人员方准进入现场	 爆破警戒区
3	爆破器材存放	(1) 存放不当。	(1) 爆破器材必须严格管理,建立出入库检查、登记制度,做到账目清楚、账物相符。工作人员要逐日做好耗用记录,剩余当日退库,严禁擅自收藏,乱丢乱放。各施工单位和个人不得私拿、私存、转让、转卖、转借爆破器材。	

续表

序号	风险点	风险分析	管控措施	相关图例
3	爆破器材存放	(2) 无专人管理	(2) 库房内储存的爆破器材必须严格按照设计容量和储存规范储存,库房内严禁存放其他物品。对于性质相抵触的爆破器材,必须分开发放、运输、存储,不得混装混放	 安全存储
4	土方回填	(1) 未编制方案或未按照方案组织施工。 (2) 未组织人员进行进场安全教育及安全技术交底。 (3) 未按规定配备或正确穿戴劳动防护用品(安全帽、安全鞋、安全带)。 (4) 夜间施工无照明措施。 (5) 人工回填机械操作不规范。	(1) 土方回填必须编制方案,并按照方案进行施工,不得私自更改方案。 (2) 作业人员入场前必须进行安全教育培训及安全技术交底。 (3) 所有作业人员必须编制方案,并正确佩戴劳动防护用品,安全帽必须系好下颏带,锁好带扣。 (4) 现场禁止吸烟,严禁酒后作业,禁止穿拖鞋、赤脚、光背,禁止追逐打闹。夜间施工应有照明措施。 (5) 小型机具回填应符合下列规定: ① 照明灯、打夯机等用电设备必须有可靠的接零保护。 ② 禁止私自拆除或移动防护设备设施及电气设备。 ③ 作业前检查打夯机是否完好、偏心块连接是否牢固、前轴是否窜动、三角带松紧度是否合适、整机是否紧固、是否开焊及严重变形、严禁打夯机带病运转。 ④ 蛙式打夯机必须由电工接装电源、活动闸箱、单向开关,检查线缆绝缘情况、接线质量、打夯机开关可靠性。手把应缠裹绝缘胶布或绝缘胶管,并经试夯确认安全后方可作业。 ⑤ 蛙式打夯机应由两人操作,一人扶夯,一人牵线。两人必须穿绝缘鞋、戴绝缘手套,电缆绞缠时必须停止操	 路基填筑

续表

序号	风险点	风险分析	管控措施	相关图例
4	土方回填	(6) 机械回填操作不规范,多台机械之间未预留足够的安全距离,未安排专人统一进行指挥	作,严禁在夯机运行时砸线、隔夯扔线,转向或倒线有困难时应停机,清除夯盘内的土块、杂物时必须停机,严禁在打夯机运转中清掏杂物,人工抬、移蛙式打夯机前,必须切断电源。 ⑥ 作业后打夯机必须切断电源,盘好电缆线,入库存放或盖好苫布。 ⑦ 基坑(槽)边必须设专人看护,防止高空坠落、防止物体打击(必要时设其他防护),防止重型机械靠近坑槽边。 ⑧ 用小推车回填土时,不应连土带车一起倾翻,防止小推车滑脱到土层面伤人。 ⑨ 人工回填土用小车向槽内卸土时,槽边必须设横木挡掩,待槽下人员撤至安全位置后方可倒土,倒土时应稳倾缓倒,严禁撒把倒土。取用槽帮土回填时,必须自上而下台阶式取土,严禁掏洞。 ⑩ 人工夯土时,应精神集中,两人打夯时应互相响应,动作一致,用力均匀。 ⑪ 回填沟槽时,应按安全技术交底要求在沟槽两侧分层对称回填,两侧高差应符合规定要求。 ⑫ 必须按规范要求保持与高压线、变压器、建筑物、构筑物等的安全距离。 (6) 机械回填应符合下列规定: ① 指挥人员必须站在机车的两侧指挥。 ② 机车工作时任何人不许站(坐)在机车上。 ③ 两台以上压路机碾压时,其间距应保持 3 m 以上。 ④ 推土机上下坡倾角不得超过 35°,横坡行驶倾角不得超过 10°。 ⑤ 停车时应将制动器制动住,禁止停放在坡道上	 台阶修筑、回填

2. 基坑支护工程

序号	风险点	风险分析	管控措施	相关图例
1	复合土钉墙	(1) 未编制方案或未按照方案组织施工。 (2) 未组织人员进行进场安全教育及安全技术交底。 (3) 未按规定配备或正确穿戴劳动防护用品(安全帽、安全鞋、安全带)。 (4) 支护作业前未对作业面进行观察,未清理作业区的危石、不稳定土层。 (5) 土方开挖及支护施工未按照设计方案要求进行分层分段施工。 (6) 未按方案要求对基坑进行监测。 (7) 上层支护未施工或强度未达到设计要求即进入下层土方开挖施工	(1) 严格按照安全专项方案及专家论证意见组织施工,不得随意更改设计工况。 (2) 所有作业人员必须接受安全教育及安全技术交底后方可上岗作业。 (3) 所有作业人员必须正确佩戴劳动防护用品,安全帽必须系好下颏带,锁好带扣;喷射混凝土和注浆作业人员应按规定佩戴防护用品(防护面罩),禁止裸露身体。 (4) 基坑支护作业前,应认真检查和处理作业区的危石、不稳定土层,确认基坑基槽土壁稳定。 (5) 喷射管道安装应正确,连接处应紧固密封。管道通过道路时,应设置在基坑基槽内并加盖保护。 (6) 施工时应随时观测土体状况,发现出现墙体裂缝或有坍塌征兆时,必须立即将施工人员撤出基坑、沟槽的危险区域,并及时处理,确认安全。 (7) 土方开挖及支护应按照施工设计文件及施工方案规定的工况自上而下分层进行,边挖边支护。 (8) 土钉墙的土钉注浆和喷射混凝土层达到设计强度的 70%后,方可开挖下层土方	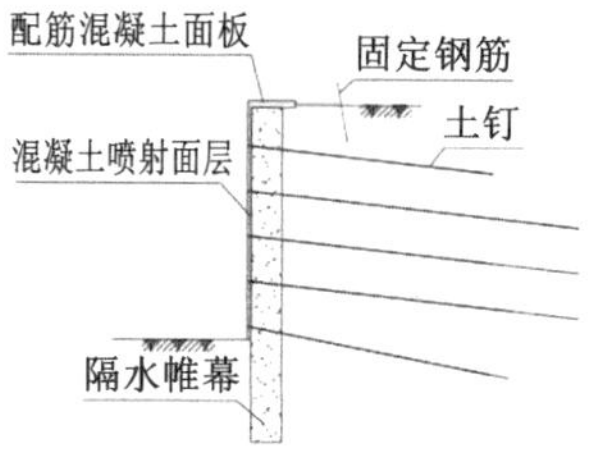 土钉墙工况示意图

续表

序号	风险点	风险分析	管控措施	相关图例
2	水泥搅拌桩	(1) 未编制方案或未按照方案组织施工。 (2) 未组织人员进行进场安全教育及安全技术交底；特种作业人员及各类机械操作人员未持证上岗。 (3) 未按规定配备或正确穿戴劳动防护用品(安全帽、安全鞋、安全带)。 (4) 未制定各类施工机械操作制度，并对机械操作人员进行培训及交底。 (5) 桩机及水泥储存罐等设备未设置防倾倒措施	(1) 严格按照安全专项方案及专家论证意见组织施工，不得随意更改设计工况。 (2) 所有作业人员必须接受安全教育及安全技术交底后方可上岗作业。 (3) 所有作业人员必须正确佩戴劳动防护用品，安全帽必须系好下颏带，锁好带扣。 (4) 挖掘机、水泥搅拌桩等自行式施工机械执行“一机一人”防护制度。 (5) 各类机械操作人员，必须取得操作合格证，不准操作与证件不相符的机械，不准将机械设备交给无本机操作证的人员操作。 (6) 操作人员必须按照机械操作说明规范操作，严格执行工作前的检查制度和工作中注意观察及工作后的检查保养制度。 (7) 为防止水泥搅拌桩机倾倒发生安全事故，严格按照有关规定，桩机行走方向与既有线平行，并在桩机背向既有线一侧设置 2 股能确保机具稳定的缆风绳，其中缆风绳应采用直径 12 mm 的钢绞线。施工时，严禁作业人员采用尼龙绳、麻绳、钢筋等材料替代，锚固段采用地锚的形式打入地基中。缆风绳与地锚间应采用与钢绞线拉力相适应的花篮螺栓拉紧，垂直不大于 $0.01L$(L 为长度)；缆风绳与地面夹角不大于 60°。 (8) 在大风(超过 6 级)、大雨、大雾等恶劣天气下严禁作业	 水泥搅拌桩机图  水泥搅拌桩支护

续表

序号	风险点	风险分析	管控措施	相关图例
3	钢板桩	(1) 未编制方案或未按照方案组织施工。 (2) 未组织人员进行进场安全教育及安全技术交底;特种作业人员未持证上岗。 (3) 未按规定配备或正确穿戴劳动防护用品(安全帽、安全鞋、安全带)。 (4) 吊装施工过程中,未设置警戒线,钢板桩施工过程中无专人进行现场指挥作业。 (5) 钢板桩吊桩施工未制定防滑落措施。 (6) 基坑开挖及支护未按方案要求分层分段开挖,上层支护未完成即进入下层土方开挖。 (7) 钢板桩机离基坑距离不满足安全施工要求。 (8) 焊机等用电设备接线不满足临时用电方案要求	(1) 严格按照安全专项方案及专家论证意见组织施工,不得随意更改设计工况。 (2) 所有作业人员必须接受安全教育及安全技术交底后方可上岗作业;特种作业人员须持证上岗。 (3) 所有作业人员必须正确佩戴劳动防护用品,安全帽必须系好下颏带,锁好带扣。 (4) 钢板桩在卸桩过程中,起重机下禁止非操作人员往来或站人,并应设有专人指挥,同时在现场作业面周围设置警戒线。 (5) 钢板桩打桩时,非操作人员应远离,做好警示线,同时应设有专人指挥现场作业,保证人员安全。钢板桩在打桩时,应先用钢丝绳套在桩机上,待桩机将钢板桩提立竖直后再将钢板桩打入土基中,以防钢板桩滑落。 (6) 基坑开挖及支护应根据施工方案进行分层施工,严禁支护未完成而进行下一层土方的开挖。 (7) 钢板桩施打过程中,桩机距离基坑边缘应不小于2 m。在施工过程中应保证钢板桩的垂直度和直线度,同时保证围檩紧靠钢板桩。 (8) 焊机应采用“一机一箱一闸”的工作方式,在6级及以上大风或雨天的环境下应停止作业。 (9) 夜间施工时,应有足够的照明措施。 (10) 拔桩应在基坑土方回填完成后进行,此过程中必须设专人负责现场指挥协调	 钢板桩支护图

续表

序号	风险点	风险分析	管控措施	相关图例
4	型钢水泥土搅拌墙(SMW)	(1) 未编制方案或未按照方案组织施工。 (2) 未组织人员进行进场安全教育及安全技术交底;特种作业人员未持证上岗。 (3) 未按规定配备或正确穿戴劳动防护用品(安全帽、安全鞋、安全带),电工作业未穿戴绝缘鞋、绝缘手套,电焊作业时未佩戴防护面罩。 (4) 存在扬尘危害的区域,人员施工时未佩戴防尘口罩。 (5) 桩机施工及移动时,无专人指挥。 (6) 设备维修时操作不规范,不专人进行看护。	(1) 严格按照安全专项方案及专家论证意见组织施工,不得随意更改设计工况。 (2) 所有作业人员必须接受安全教育及安全技术交底后方可上岗作业。 (3) 所有特种作业人员必须经过专业培训,考试合格并持证上岗。 (4) 所有作业人员必须正确佩戴劳动防护用品,安全帽必须系好下颏带,锁好带扣。 (5) 电工作业必须穿戴绝缘鞋、绝缘手套,电焊作业必须佩戴防护面罩。 (6) 制拌灰人员必须佩戴防尘口罩,倒水泥时,应轻放并避免扬尘,现场堆放的水泥应采取围栏遮盖等防尘措施,周边及时洒水并处理水泥袋。 (7) 吊装型钢时,起重工必须配备通信设备,指挥时指令准确、清晰,遇有6级以上大风天气时,必须停止吊装作业。 (8) 桩机移动时,必须由专人指挥,并保持机身稳定。 (9) 设备出现故障需维修时,必须关闭所有电源,并由专人看护,待维修完毕后,通知看护人员,由看护人员开启电源。 (10) 在工法桩机拼装时,高空作业必须系好安全带,安全带应绑扎腰间,固定在牢固位置,高挂低用。	 SMW 工法桩

续表

序号	风险点	风险分析	管控措施	相关图例
4	型钢水泥土搅拌墙（SMW）	(7) 未制定安全事故应急预案或未对作业人员进行交底	(11) 发生触电时，应立即切断电源，或用不导电物体，如干燥的木棍、竹竿等使伤员尽快脱离电源，急救者切勿直接接触触电伤员，防止自身触电影响抢救工作的进行；当伤员脱离电源后，应立即检查伤员全身情况，特别是呼吸和心跳，发现呼吸、心跳停止时，应立即就地抢救，并拨打“120”电话。 (12) 出现安全事故时，应严格按照安全事故应急预案要求开展救援	 SMW 工法桩支护
5	钻孔灌注桩	(1) 未编制方案或未按照方案组织施工。 (2) 未组织人员进行进场安全教育及安全技术交底；特种作业人员未持证上岗。 (3) 未按规定配备或正确穿戴劳动防护用品（安全帽、安全鞋、安全带）。 (4) 未建立机械设备检查、维修、保养制度。	(1) 严格按照安全专项方案及专家论证意见组织施工，不得随意更改设计工况。 (2) 所有作业人员必须接受安全教育及安全技术交底后方可上岗作业。 (3) 所有特种作业人员必须经过专业培训，考试合格并持证上岗。 (4) 所有作业人员必须正确佩戴劳动防护用品，安全帽必须系好下颏带，锁好带扣。 (5) 建立机械设备检查、维修、保养制度。施工所用电缆必须认真检查，确认安全后方可使用。 (6) 检查钢丝绳是否牢固，卷扬机系统保护罩是否安装完好，严禁带病作业。 (7) 现场生产用电设备需派专业人员进行管理，无关人员严禁乱动电气设备，操作人员上岗时应对设备进行认真细致的检查，下班时应关闭现场电气刀闸。	 钻孔灌注桩防护

续表

序号	风险点	风险分析	管控措施	相关图例
5	钻孔灌注桩	(5) 现场用电设备未安排专人进行管理。 (6) 钻机操作不规范	(8) 高空作业、混凝土灌注、起重机升降必须有专人指挥，不得各行其是，所有带电设备移动前必须切断电源，严禁违章操作及无证上岗。 (9) 起重机臂下严禁站人，严禁酒后作业。 (10) 钻机应放置在平稳、坚实的场地，如汽车式钻机，应打好支腿架起轮胎。 (11) 钻机启动后，应将操作杆置于空挡位置，空转运行，经检查无误后再进行作业。 (12) 钻机应安装钻深限位报警装置，当钻机发出下钻限位报警信号时，应停钻，将钻杆稍稍提升，待解除报警信号后，再继续下钻。 (13) 钻孔时，如遇卡钻，应立即切断电源，在没查清原因之前，不得强行启动。 (14) 作业时，发生机架摇晃、移动、偏斜等，应立即停钻，查明原因，处理后再进行作业。 (15) 作业中，设专人负责监护电缆，如遇停电，应将各控制器放置零位，切断电源，将钻头接触地面。 (16) 孔径达到要求时，应停止扩削，使管内存土全部输送到地面即可停钻，成孔后，必须将孔口加盖保护。 (17) 钻孔时，严禁用手清除螺旋叶片上的泥土，发现紧固螺栓松动时，应立即停机并及时处理。 (18) 作业后，清除叶片上的泥土，将钻头下降至地面，各操纵杆置于空挡，切断电源	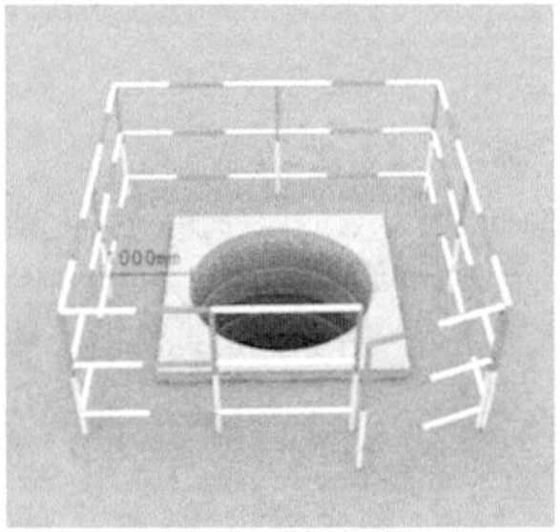 (a) 开挖阶段  (b) 成孔后或混凝土浇筑后 钻孔灌注桩分阶段防护

（三）路基施工

序号	风险点	风险分析	管控措施	相关图例
1	强夯置换法	(1) 现场操作人员未进行安全技术交底及安全教育。 (2) 作业前未检查吊锤机械各部位是否正常及钢线绳有无磨损等情况。 (3) 未设置危险施工区域。 (4) 强夯前未清除场地上空和地下障碍物,未排除场地架空线路是否满足净高要求。 (5) 施工过程中未安排专人指挥,无应急措施。 (6) 未根据土质条件采用适当的强夯形式。 (7) 施工前未检查锤重和落距,单击夯击能量不符合设计要求	(1) 所有作业人员必须进行安全教育及安全技术交底后方可上岗作业。 (2) 打夯机按性能要求使用,施工前专职安全员与机组人员共同检查设备情况。施工过程中,安排专人指挥,并有安全保障措施。 (3) 施工区域应设置安全警示牌,并划分危险区域。 (4) 强夯前清除场地上空和地下障碍物,严禁在高压输电线路下作业。重点核查国防光缆、电缆、管线等。 (5) 根据土质条件采用适当的强夯形式。 (6) 干燥天气作业,要在夯击点附近洒水降尘。 (7) 施工前应检查锤重和落距,单击夯击能量应符合设计要求。 (8) 夯锤起吊后,吊臂和夯锤下 15 m 内不得站人,非工作人员要远离夯击点 30 m 以外	 强夯处理

续表

序号	风险点	风险分析	管控措施	相关图例
2	换填	(1) 作业人员未进行安全教育及安全技术交底和持证上岗。 (2) 机械设备未安排专人指挥。 (3) 作业区域未设置安全警示，非施工人员进入现场。 (4) 机械使用前未检查从而因机械故障引发事故。 (5) 换填基坑未采取临边防护措施。 (6) 未清除场地上空和地下障碍物，未排除场地架空线路是否满足净高要求	(1) 所有作业人员必须进行安全教育及安全技术交底后持证上岗作业，机械设备安排专人指挥。 (2) 作业区域设置安全警示牌，严禁非作业人员靠近施工机械，避免安全事故发生。 (3) 机械使用前检查好，避免因机械故障而引发事故。 (4) 编制针对性的路基换填安全施工方案并报监理单位审批。 (5) 清除场地上空和地下障碍物，严禁在高压输电线路下作业。重点核查国防光缆、电缆、管线等	 路基换填

续表

序号	风险点	风险分析	管控措施	相关图例
3	抛石挤淤	(1) 作业人员未进行安全教育及安全技术交底和持证上岗。 (2) 机械设备未安排专人指挥，非作业人员靠近机械造成机械事故伤害。 (3) 作业区域未设置安全警示牌，非施工人员进入现场。 (4) 未排除场地架空线路是否满足净高要求。 (5) 未制定抛填方法和程序。 (6) 未根据机械设备制定相应的安全措施。 (7) 机械作业前未检查机械周边是否有人或障碍物，造成因盲区问题引发机械安全事故	(1) 所有作业人员必须进行安全教育及安全技术交底后持证上岗作业，机械设备安排专人指挥。 (2) 严禁非作业人员靠近施工作业机械，避免安全事故发生。 (3) 作业区域设置安全警示牌，禁止非施工人员进入现场。 (4) 抛填地段的架空线路净高应满足施工要求。 (5) 场地上有架空线时，应对线杆和拉线采取防护措施。 (6) 抛石挤淤前，应将原地表水积水排干，树根、杂物等清除，探明淤泥性质和深度，并采取相应的安全措施。 (7) 根据工程规模和淤泥深度制定抛填方法和程序。 (8) 根据机械设备制定相应的安全技术措施。 (9) 机械作业前必须检查机械四周，待确周边无障碍物或人后方可启动机械设备；禁止人员在机械周边逗留	 抛石挤淤

续表

序号	风险点	风险分析	管控措施	相关图例
4	分层碾压	(1) 现场操作人员未进行安全技术交底。 (2) 未安排专人指挥，无应急措施。 (3) 压路机作业前未检查机械周边是否有人或障碍物，造成因盲区问题引发机械安全事故。 (4) 未排除地面积水和清除树根、杂草、淤泥；路基施工时使用不合格的填料导致质量问题从而引发安全事故。 (5) 未根据路基的高度留有必要的安全距离，导致侧翻。 (6) 对于松软的路基及傍山地段碾压前未勘察施工现场并确认安全，造成因碾压时产生振动而引发傍山坍塌事故。 (7) 未遵照规定的碾压速度进行碾压作业，在碾压过程中随意变更碾压速度，中途停机	(1) 所有作业人员必须进行安全教育及安全技术交底后持证上岗作业，机械设备安排专人指挥，并有安全保障措施。 (2) 压路机作业前必须检查机械四周，确认无障碍物或人后方可启动作业；禁止人员在机械周边乘凉休息。 (3) 严禁非作业人员靠近施工机械，避免安全事故发生；碾压机械要注意控制碾压速度和与边坡的安全距离，技术人员做好碾压厚度、路面坡度的控制，安排人员随时监护。 (4) 压路机作业前应排除地面积水和清除树根、杂草、淤泥；路基施工时必须使用质量合格的填料。 (5) 根据路基的高度留有必要的安全距离。 (6) 对于松软的路基及傍山路段，碾压前应进行勘察，并在确认安全后方可作业。 (7) 碾压过程中，填料表面始终保持湿润，严禁有“弹簧”、松散、起皮等现象产生。 (8) 压路机碾压过程中，禁止急停及随意变速和转弯。 (9) 碾压时速度要均匀，不能时快时慢。碾压中，保证无漏压，无死角，确保碾压均匀，直至满足压实度的规范要求为止	 分层挤淤

（四）基层施工

1. 水泥稳定碎石或级配拌和站作业

序号	风险点	风险分析	管控措施	相关图例
1	临时用电	(1) 未编制临时用电施工组织设计。 (2) 电工未持特种作业操作资格证书。 (3) 未进行安全技术交底。 (4) 未建立配电设备、设施等安全技术档案。 (5) 接地电阻、绝缘电阻、漏电保护器未按要求设置。 (6) 未进行日常安全检查。 (7) 触电伤害	(1) 施工现场临时用电设备在5台及以上或设备总容量在50 kW及以上者，应编制临时用电施工组织设计。 (2) 电工必须按国家现行标准考核合格后，持证上岗工作。 (3) 所有作业人员必须进行安全教育及安全技术交底后方可上岗作业。 (4) 施工现场临时用电必须建立安全技术档案，档案应留存电气设备的合格证书以及试、检验凭单和调试记录。 (5) 施工现场临时用电的接地电阻、绝缘电阻、漏电保护器应按要求设置，其安全技术档案应包含接地电阻、绝缘电阻测试记录和漏电保护器漏电动作参数测定记录表。定期检查时，应复查接地电阻值和绝缘电阻值。 (6) 临时用电工程应定期检查，并形成检查和整改记录。 (7) 作业人员严格执行临时用电安全操作规程	 临时用电防护

续表

序号	风险点	风险分析	管控措施	相关图例
2	临时用电（移动发电机）	（1）未做好日常维护保养。 （2）未做好安全管理和有效监控。 （3）触电伤害	（1）填写日常维护保养记录、每台发电机使用时长的相关记录和所在位置等。 （2）检查存放状态，应回库的发电机要严格执行集中存放规定，采取动态方式检查发电机停放执行情况，做好相关记录，发电机回库应加满油，保证能即刻进入工作状态。 （3）做好发电机工作状态检查，移动发电机金属外壳或底座应与发电机电源的接地装置有可靠的电气连接。按照发电机使用年限、发电小时数、状态等，研判发电机状态，不符合要求的及时做出报废处理。 （4）按照发电机使用标准，按时保养，减少安全隐患；对发电机工作状态随时监控，发现问题及时处理，确保安全工作。 （5）给发电机加油时，必须关闭发电机电源。 （6）作业人员严格执行临时用电安全操作规程	 发电机防护棚

续表

序号	风险点	风险分析	管控措施	相关图例
3	拌和站（楼）启动、停机作业	(1)操作人员擅自离开工作岗位，无法第一时间发现风险。 (2)作业人员靠近各种运转部位、运输轨道、上料区及成品料仓等位置。 (3)登高维修和拌和辅助作业时，未佩戴劳动防护用品，恶劣天气在高空进行维修及辅助作业。 (4)作业人员未执行高空作业章程。 (5)搅拌主机封装未采用隔音板或使用老旧搅拌主机	(1)拌和站启动、停机作业必须按照规定进行；操作人员不允许擅自离开工作岗位，确保及时监视各部位运转情况，发现异常及时排除故障，作业结束后，切断电源，锁上操作室，避免发生安全事故。 (2)运转中严禁作业人员靠近各种运转部位、运输轨道、上料区及成品料仓等位置，避免人员卷入机械或落物砸伤。 (3)登高维修和拌和辅助作业时，要正确佩戴好劳动防护用品，不得穿硬底鞋，注意脚底防滑；遇大风、下雨、下雪等恶劣天气时，不得在高空进行维修及辅助作业。 (4)高处作业人员走专用爬梯，严禁互相打闹，避免失足发生坠落危险。 (5)搅拌主机封装采用隔音板或使用新型降噪搅拌主机，操作人员在确保正常沟通的情况下佩戴降噪防护用品，减少对听力的损伤	 拌和站

续表

序号	风险点	风险分析	管控措施	相关图例
4	装载机作业风险	(1) 无证驾驶,酒后、带病及注意力不集中的人员作业。 (2) 车辆作业前未检查刹车、方向等系统装置。 (3) 起步时,四周有人员及障碍物。 (4) 超载装卸货物,超速行驶。 (5) 车辆未停稳或行驶中,人员进行上下和扒车、跳车或未保持安全距离。 (6) 施工现场未按照规范要求及指定区域停放	(1) 未经培训合格人员、无证人员禁止驾驶机械;禁止酒后、带病或注意力不集中的人员驾驶机械。 (2) 车辆作业前应检查刹车、方向等系统装置,避免刹车失灵等安全隐患。 (3) 起步时要观察四周,确认无人员和障碍物后方可起步行驶,避免发生安全事故。 (4) 严禁超速行驶,不得超载使用,装卸时,铲斗升高高度不得超过全高的 2/3,避免发生侧翻及失控事故。 (5) 车辆在运行中和尚未停稳时,严禁任何人上下和扒车、跳车,避免造成人员伤害。 (6) 机械设备在施工现场停放时,应选择安全的地方停放,关闭好驾驶(操作)室,关闭制动开关,坡道停车,要用三角木或石块抵住车轮	 装载机

2. 运输车辆作业

序号	风险点	风险分析	管控措施	相关图例
1	自卸运输车在搅拌站装料	(1) 自卸运输车未按照规定停放至下料区。 (2) 下料过程中,车辆未按规定前后均匀装载。 (3) 装料时,超出规定运输重量、高度。 (4) 未按规定车尾进入指定位置,车头进入下料位置	(1) 自卸运输车进入搅拌站装料时,应该按照规定停放至指定下料区域进行水泥稳定碎石或级配材料的装卸。 (2) 下料过程中,车辆禁止一直不动导致材料堆积至一处,前后应均匀装载,避免导致溢出及偏载造成交通事故。 (3) 装料严格遵守交通规则,严禁超载运输。 (4) 严格按照规定车尾进入指定位置,车头禁止进入下料位置,避免材料下至车头,造成事故	 自卸运输车装料
2	自卸运输车运输过程	(1) 未按照规定要求进行篷布遮盖运输,导致运输过程中的材料掉落。 (2) 未检查后封门锁紧装置便运输行驶	(1) 自卸运输车严格执行篷布遮盖运输,避免材料掉落。 (2) 行驶前,检查好后封门锁紧装置,并将料斗锁牢,避免行驶中材料掉落造成交通事故	 篷布遮盖运输

续表

序号	风险点	风险分析	管控措施	相关图例
3	自卸运输车现场卸料	(1) 卸料时周围人员未保持安全距离。 (2) 人员进行攀爬清卸未卸完的材料。 (3) 未停稳或者危险地段进行材料卸载。 (4) 翻斗制动时，未踏下制动踏板	(1) 到达现场卸料时，应确保周围人员已撤至安全区域。 (2) 禁止人员进行攀爬清卸未卸完的材料，应通过自卸车自身动力清卸或其他辅助机械清卸，避免材料突然滑落砸伤人员，或人员滑落摔伤。 (3) 自卸运输车应停稳且在安全地段进行材料卸载。 (4) 翻斗制动时，应逐渐踏下制动踏板，避免紧急制动	 自卸运输车卸料
4	文明驾驶	(1) 无证驾驶，超速行驶，酒后、带病驾驶运输车辆或违反交通规则行驶。 (2) 运输车辆在施工现场未按照规范要求及指定区域停放，未拉紧手制动器。 (3) 作业前未检查车辆的运行状态、刹车系统等	(1) 禁止无证人员驾驶机动车，禁止酒后、带病驾驶运输车辆，禁止超速行驶或违反交通规则行驶。 (2) 运输车辆在施工现场停放时，应选择安全的地方停放，关闭好驾驶(操作)室，关闭制动开关及拉紧手制动器，坡道停车，必要时要用三角木或石块抵住车轮。 (3) 作业前应检查车辆的刹车、方向等系统装置，定期维修和保养，避免刹车失灵等安全隐患	 运输车辆安全停放

3. 水泥稳定碎石或级配现场施工前作业

序号	风险点	风险分析	管控措施	相关图例
1	临空临边及洞、井(雨水)口防护	(1) 未按方案设置临边防护。 (2) 未进行安全技术交底。 (3) 洞(井)口未设置防坠网等防护措施	(1) 严格按照方案架设临边防护护栏。 (2) 所有作业人员必须进行安全教育及安全技术交底后方可上岗作业。 (3) 洞(井)口必须设置防坠网等防护措施	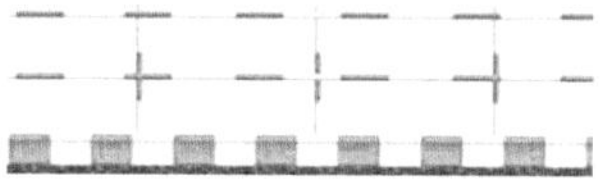 临边防护示意图
2	交通管制、围挡	(1) 施工路段未设置车辆引导及警示标志牌。 (2) 未按要求编制交通导行专项方案。 (3) 未进行人员安全技术交底。 (4) 围挡未进行施工前检查	(1) 交通通行路段应设置车辆引导及警示标志牌,确保车辆通行顺畅;封闭交通区域应配有专人管制。 (2) 严格按要求编制交通导行专项方案,必要时上报当地交通管理部门。 (3) 所有作业人员必须进行安全教育及安全技术交底后方可上岗作业。 (4) 施工前应检查施工围挡,确保围挡安全,避免施工中倒塌而砸伤作业人员	 车辆引导牌
3	通信光纤、高压线等	施工现场存在横跨的通信光纤、高压线等,未采取安全措施就进行施工作业	施工前确认施工现场是否存在横跨的通信光纤、高压线等,存在危及电力、通信设施的作业,应当经电力、通信等管理部门批准并采取安全措施后,方可进行作业,作业时,保持净空的安全距离	 高压线区域防护

4. 水泥稳定碎石或级配摊铺机作业

序号	风险点	风险分析	管控措施	相关图例
1	水泥稳定碎石或级配摊铺机摊铺作业	(1) 摊铺作业启动前未检查机械运转、显示仪表连接部件，安全防护装置不健全。 (2) 熨平板的安装(拆除)未安排人员指挥协同统一。 (3) 摊铺机行驶前未确认作业人员的安全距离。 (4) 摊铺机司机未听从现场指挥人员指挥作业，未与运料车配合工作	(1) 摊铺作业启动前应检查机械运转、显示仪表连接部件，安全防护装置应健全、稳固。 (2) 熨平板的安装(拆除)安排人员指挥协同统一，避免倾斜砸到作业人员。 (3) 摊铺机行驶前应确认作业人员的安全距离，并鸣笛警示，跟机作业人员应随时关注现场所有机械、车辆的行驶方向，确保安全作业。 (4) 摊铺作业时，摊铺机司机要听从现场指挥人员的指挥，运料车向摊铺机料斗倒料时必须设专人在车侧指挥，运料车由摊铺机推动徐徐前进	 摊铺机作业
2	文明驾驶、施工，安全停放	(1) 无证驾驶，酒后、带病人员操作摊铺机。 (2) 作业人员在摊铺机停放处前后方避雨、休息、乘凉，或随意攀登摊铺机。 (3) 摊铺机在施工现场未按照规范要求及指定区域停放	(1) 未经培训合格人员，无证人员、酒后或带病人员禁止操作摊铺机。 (2) 摊铺机停放时，未经许可不得随意攀爬，不得在其下方或行进方向的前后方避雨、休息、乘凉等。 (3) 摊铺机在施工结束或施工间歇应停放在指定位置，用隔离墩和警示带围住，并设立严禁烟火、道路封闭等相关警示牌	 摊铺机安全停放

5. 压路机作业

序号	风险点	风险分析	管控措施	相关图例
1	压路机碾压作业、停放	(1) 采用拖动压路机的方法启动发动机。 (2) 压路机碾压作业前未检查机械运转、显示仪表是否正常。 (3) 压路机运行或行驶期间，人员站在铰接架附近。 (4) 压路机未停稳或行驶中，人员进行上下和扒车、跳车或未保持安全距离。 (5) 压路机行驶后人员触摸滚轮和铰接架。 (6) 压路机停放在斜坡时未采取安全措施	(1) 禁止用拖动压路机的方法启动发动机，避免碾压拖动人员。 (2) 压路机碾压作业前应检查机械运转、显示仪表是否正常，避免突发状况造成事故。 (3) 压路机运行或行驶期间，人员不得站在铰接架附近，应保持安全距离。 (4) 车辆在运行中和尚未停稳时，严禁任何人上下和扒车、跳车，避免造成人员伤害。 (5) 压路机行驶后禁止人员靠近或触摸滚轮和铰接架，避免烫伤。 (6) 压路机停放在斜坡上，必须用三角木块塞住前后轮，采取相关安全措施	
2	压路机边缘施工，洞、井(雨水)口处碾压作业	(1) 压路机在路肩施工时使用大型压路机进行碾压工作。 (2) 洞、井(雨水)口处直接进行碾压作业	(1) 靠近路肩施工时，应更换小型压路机施工，避免大型压路机碾压边缘时引发坍塌侧翻事故。 (2) 洞、井(雨水)口周围应更换压路机设备或手扶碾压设备，禁止大型碾压设备在未采取防护措施的情况下直接碾压，避免发生坍塌事故	 围挡防护

6. 洒水车养护作业

序号	风险点	风险分析	管控措施	相关图例
1	洒水车养护作业	(1) 洒水车安全装置未配备是否齐全。 (2) 施工现场倒车行驶未确认是否安全。 (3) 洒水车爬坡时车厢水超过额定载水量的70%。 (4) 洒水车作业时,未控制水压及行车速度。 (5) 未注意来往车辆	(1) 洒水车的安全防护装置必须齐全、灵敏有效。 (2) 在施工现场倒车应先鸣笛,确认安全后方可倒车。 (3) 洒水车爬坡时车厢水不得超过额定载水量的70%,避免抖动过大发生事故。 (4) 洒水车作业时,应控制行车速度,不得大于15 km/h,并控制水压,避免水压过大喷伤人员或造成物件损坏。 (5) 洒水作业时要密切注意往来车辆,以免影响视线造成事故	 养护作业

7. 安全文明驾驶与交通安全

序号	风险点	风险分析	管控措施	相关图例
1	安全文明驾驶、交通安全	(1) 无证驾驶,超速行驶,酒后、带病人员驾驶运输车辆等违反交通规则的行为。 (2) 未在明显位置统一张贴机械设备标志牌、安全告示牌。 (3) 路口等交通通行路段,易发生交通安全事故	(1) 禁止无证人员、未经培训合格人员驾驶机动车;禁止酒后、带病人员驾驶运输车辆,禁止超速行驶等违反交通规则的行为。 (2) 在明显位置统一张贴机械设备标志牌、安全告示牌。 (3) 路口等通行路段易被遮挡视线,转弯、掉头时应注意观察,并降低车速	 车辆贴反光条

8. 职业健康安全

序号	风险点	风险分析	管控措施	相关图例
1	高温施工	(1) 未编制高温季节施工方案。 (2) 未进行安全技术交底。 (3) 环境温度高于 35 ℃时,未采取防暑降温措施,高于 40 ℃时未停止施工	(1) 按规定要求编制高温季节施工方案,进行方案审批工作。 (2) 对作业人员进行安全技术交底工作。 (3) 环境温度高于 40 ℃时禁止当日施工;环境温度高于 35 ℃时,现场应采取防暑降温措施,并配备相关药品,做好发放使用记录	 休息亭示意图
2	粉尘污染	(1) 装卸、洒铺及翻动粉状材料时无专人指挥。 (2) 散装粉状材料运输车未进行篷布遮盖。 (3) 施工现场未进行洒水。 (4) 堆放散装粉状材料的场地未设置成封闭式料场	(1) 装卸、洒铺及翻动粉状材料时应安排专人指挥。减少粉尘类材料的翻动。 (2) 散装粉状材料运输车在运输时应严格使用篷布进行遮盖。 (3) 施工现场必须降尘、洒水,并安装喷淋系统。 (4) 堆放散装粉状材料的场地应设置成封闭式料场	 雾炮机
3	劳动防护用品	(1) 未穿戴反光背心、安全帽、安全带等劳动防护用品。 (2) 劳动防护用品质量不合格	(1) 严格按要求穿戴反光背心、安全帽、安全带等劳动防护用品。 (2) 劳动防护用品均应有产品质量合格证。 (3) 进行安全防护日常检查,并形成整改记录	 安全警示镜示意图

（五）面层施工

序号	风险点	风险分析	管控措施	相关图例
1	路面清扫	(1) 路面清扫过程中，外来车辆进入。 (2) 吹风机不正确使用。 (3) 热沥青铺粘层喷洒后，用聚酯玻纤布铺装时，高温伤害作业人员	(1) 路面清扫路段要彻底封闭，禁止一切车辆驶入，防止车辆伤害。 (2) 路面清扫人员应顺风并排吹风，禁止出风口对人。 (3) 吹风机现场加油，要注意明火。 (4) 聚酯玻纤布施工作业人员必须佩戴皮手套等防护装备	 清扫作业
2	碎石撒布机作业	(1) 施工过程中撒布机的变速行为。 (2) 撒布机和自卸车发生碰撞。 (3) 撒布机体积过大，自行长途转移时发生碰撞事故。 (4) 撒布机工作过程中与周围行人、车辆发生碰撞或碎石飞溅。 (5) 自卸车提升过快。 (6) 自卸车提升时触碰高压电线。 (7) 撒布机与自卸车连接不牢固	(1) 撒布碎石时，撒布机速度要稳定，不允许在撒布过程中换挡。 (2) 撒布机在工作过程中，可以与自卸车刚性连接，边撒布、边倒料；也可以待自卸车卸料完毕后再进行撒布，防止与自卸车发生碰撞。 (3) 禁止撒布机自行长途转移。 (4) 撒布机在工作过程中要安排警戒人员，注意行人和车辆，以防发生碰撞和碎石飞溅伤人事故。 (5) 自卸车在提升过程中要有专业作业人员在旁指挥，驾驶员要严格服从专业作业人员指挥，避免发生侧翻和触碰高压线事故。 (6) 需跟自卸车刚性连接施工的撒布机应定期检查，施工前严格检查连接处是否牢固，防止发生脱落事故	 撒布机作业

续表

序号	风险点	风险分析	管控措施	相关图例
3	沥青洒布车作业	(1) 沥青洒布车发生燃烧事故。 (2) 喷灯的不正确使用。 (3) 满载沥青的洒布车,遇弯道、下坡时未提前减速。 (4) 沥青洒布车工作过程中与周围行人、车辆发生碰撞或碎石飞溅	(1) 检查机械、洒布装置及防护、防火设备是否齐全有效。 (2) 喷灯使用前除进行检查外,还应先封闭洗油管及进料口。手提式喷灯点燃后不得接近易燃物。 (3) 采用固定式喷灯向沥青箱的火管加热时,应先打开沥青箱上的烟囱口,并在液态沥青淹没火管后,方可点燃喷灯。加热喷灯的火焰过大或扩散蔓延时,应立即关闭喷灯,待多余的燃油烧尽后再行使用。 (4) 满载沥青的洒布车应中速行驶,遇到弯道、下坡时,应提前减速,尽量避免紧急制动,行驶时严禁使用加热系统。 (5) 驾驶员与机上操作人员应密切配合,操作人员应佩戴齐全防护用品,注意自身安全。作业时,在喷洒沥青方向 10 m 内不得有人停留。 (6) 施工时应对相关区域进行管制,防止行人、车辆误入	 沥青作业

续表

序号	风险点	风险分析	管控措施	相关图例
4	沥青混合料摊铺作业	(1) 沥青混合料摊铺机体积大，驾驶员有很大的视野盲区。 (2) 运料车向摊铺机卸料时发生碰撞或侧翻事故。 (3) 摊铺机用柴油清洗时发生燃烧事故。 (4) 沥青混合料运料车超速超载。 (5) 重型振动压路机在施工时存在视野盲区，作业人员在机械周边休息，存在安全隐患	(1) 摊铺机驾驶台及作业现场要视野开阔，清除一切障碍物。作业时无关人员不得在驾驶台上停留，驾驶员不得擅离岗位。 (2) 摊铺机驾驶应尽量平稳，不得急转向。弯道作业时，熨平装置的端头与路缘石的间距不得小于 10 cm，以免发生碰撞。 (3) 换挡必须在摊铺机完全停止后进行，严禁强行挂挡和在坡道上换挡或空挡滑行。 (4) 运料车向摊铺机卸料时，应有专人指挥协调动作，同步进行，防止发生碰撞。 (5) 自卸车提升速度不得过快。 (6) 用柴油清洗摊铺机时 ，不得接近明火。 (7) 确保运料车状况良好。使用前应对刹车、自卸系统、车斗密封情况、后挡板牢固情况等进行检查。 (8) 运料车运输途中必须严格按照规定行驶，必须要抢时间赶工期的项目，应做好合理的工作安排，增加运料车数量或延长工作时间。 (9) 重型胶轮压路机施工时，应配备专业安全管理人员对相关区域进行管制；防止有人，特别是工人误入	 沥青混合料摊铺作业

续表

序号	风险点	风险分析	管控措施	相关图例
5	安全文明施工	(1) 拌和站未执行安全文明要求。 (2) 现场施工未执行安全文明要求。 (3) 交通通行路段未设置车辆引导标牌	(1) 拌和站应设置必要的安全警示标牌、标语、安全危险告知牌等。搅拌机控制室应悬挂相关操作规程及岗位职责。 (2) 进入拌和站必须佩戴安全帽,搅拌机作业人员必须统一着装,管理人员必须持证上岗。 (3) 现场施工区域必须设置施工警示牌,高路堤路段施工应告知作业人员安全注意事项。现场检测必须保证检测人员安全,在检测区放置“正在检测”牌。 (4) 现场作业人员必须统一着装(带有反光标志),施工、监理人员必须佩戴反光背心、上岗证。严禁酒后、穿拖鞋上岗。 (5) 交通通行路段应设置车辆引导标牌,确保车辆通行顺畅;封闭交通区域应配有专人管制,严禁车辆驶入。 (6) 中分带开口处行车视线被绿化遮挡,车辆转弯、掉头时应注意观察、降低车速,施工单位应在开口处设置相应标牌	  警示标牌

续表

序号	风险点	风险分析	管控措施	相关图例
6	职业健康	沥青作业时容易产生高温和特殊气体	(1) 作业人员必须持证上岗,相关证件必须备案。 (2) 沥青操作人员上岗前必须体检,凡患有结膜炎、皮肤病及对沥青过敏者,不能从事沥青操作工作。 (3) 从事沥青作业人员,皮肤外露部分均需涂抹防护药膏,避免皮肤直接与沥青长时间接触;沥青操作工必须穿戴防护用品,防止烫伤。工作服及防护用品应集中存放,严禁穿戴回家和存放集体宿舍。 (4) 摊铺作业会产生沥青烟等有毒有害气体,施工单位必须为作业人员提供有效的劳动保护用品,并定期组织体检。 (5) 夏季沥青路面施工,施工单位应协调好班组进行交接,做好现场防暑降温工作,购置防暑降温必要的设施、用具和药品	 佩戴劳动防护用品

（六）箱涵施工

序号	风险点	风险分析	管控措施	相关图例
1	箱涵开挖	(1) 基坑边无防护或防护不到位。 (2) 基坑支护不到位。 (3) 基坑底部未合理设置排水沟、集水井。 (4) 积土、料具堆放坑边，导致荷载超载。 (5) 人员上下通道缺乏或设置不合理。 (6) 基坑支护变形	(1) 基坑施工深度达到 2 m 时，对坑边作业已构成危险，按照高处作业和临边作业的规定，应搭设临边防护设施。 (2) 一般基坑深度小于 3 m 时，可采用一次性放坡。当基坑深度达到 4～5 m 时，也可以采用分级放坡。明挖放坡必须保证边坡的稳定，必要时需采用打桩、土钉墙或地下连续墙方法来确保边坡的稳定。 (3) 根据施工方案合理设置排水沟、集水井。 (4) 加强监督，经常检查，坑边规范堆置土方和材料，包括沿挖土方边缘移动运输工具和机械时不应距坑槽边过近，堆置土方距坑槽上部边缘不小于 1.2 m，弃土堆置高度不超过 1.5 m。 (5) 必须设置作业人员专用通道。基坑施工时，作业人员不准攀爬板、脚手架，必须要从专用通道通过，以确保安全。 (6) 基坑开挖过程中，应对基坑进行信息化监测，重点监测支护的变形情况、基坑外地面沉降或隆起变形，以及邻近建筑物动态。出现超限变形情况时，应立即采取措施，确保施工安全	 分层开挖示意图

续表

序号	风险点	风险分析	管控措施	相关图例
2	脚手架	(1) 施工方案缺乏或不符合要求。 (2) 脚手架材质不符合要求。 (3) 脚手架基础不能保证架体的承载能力。 (4) 无安全技术交底与验收	(1) 应编制安全专项施工方案，方案要有针对性，并且通过相关部门的审核，超过一定规模的危险性较大的分部分项工程(以下简称超危大工程)则需组织专家认证。 (2) 严格执行钢管、扣件、顶托等材料进场验收流程，进场后按规范进行送检，不符合要求材料不得进场使用。 (3) 脚手架基础应压实，并按需进行硬化处理。 (4) 所有作业人员必须接受安全教育及安全技术交底后方可上岗作业，脚手架搭设完成后必须组织各责任单位及部门验收	 脚手架验收牌
3	钢筋加工及安装	(1) 钢筋加工机械的安装不符合要求。 (2) 钢筋加工机械的保护装置缺陷。 (3) 作业区防护措施不符合要求。 (4) 焊接作业工人个体防护不符合要求	(1) 机械的安装应坚实稳固。固定式机械应有可靠的基础；移动式机械作业时应揳紧行走轮。 (2) 各传动部件防护罩必须齐全有效，钢筋作业人员认真做好维护。 (3) 钢筋加工应设置专门场地，悬挂明显标牌，非钢筋作业人员禁止进入。 (4) 焊接工人应持证上岗，穿戴好个人防护用品，并做好安全技术交底	 钢筋加工棚

续表

序号	风险点	风险分析	管控措施	相关图例
4	模板体系	(1) 施工方案缺乏或不符合要求。 (2) 无针对混凝土输送的安全措施。 (3) 混凝土模板支撑系统不符合要求。 (4) 模板存放无防倾倒措施或存放不符合要求。 (5) 悬空作业未系安全带或系挂不符合要求。 (6) 模板工程未验收与交底。 (7) 模板拆除区未设置警戒线且无人监护。 (8) 模板上施工荷载超过规定或堆放不均匀。 (9) 模板拆除前未进行混凝土强度评定	(1) 应编制安全专项施工方案,方案要有针对性,并且通过相关部门的审核,超危大工程则需组织专家认证。 (2) 应编制混凝土施工方案,严格按照方案组织混凝土输送。 (3) 混凝土模板支撑体系应严格按照方案进行搭设,架子工必须持证上岗。 (4) 模板放置场地应平整且坚实,模板堆放高度不超过 1.5 m,并有防倾倒和防雨防潮措施。 (5) 所有作业人员必须在作业时配备安全带,并固定在规定位置。 (6) 所有作业人员必须接受安全教育及安全技术交底后方可上岗作业,模板支撑系统搭设完成后必须组织各责任单位及部门验收。 (7) 模板拆除区域应设置警戒线,安全员应旁站监护。 (8) 模板上不得堆放重物,混凝土浇筑时应均匀对称浇筑。 (9) 模板拆除须满足《混凝土结构工程施工规范》(GB 50666—2011)中 4.5.2 条的要求	 模板体系搭设

续表

序号	风险点	风险分析	管控措施	相关图例
5	混凝土施工	(1) 高处作业安全防护设施不到位。 (2) 机械设备的安装、使用不符合安全要求。 (3) 用电不符合安全要求。 (4) 混凝土浇筑方案不当使支撑架受力不均衡,产生过大的集中荷载、偏心荷载、冲击荷载或侧压力	(1) 混凝土浇筑作业人员在作业区域内,应按高处作业的有关规定设置临边、洞口安全防护设施。 (2) 混凝土浇筑所使用机械设备的接零(接地)保护、漏电保护装置应齐全有效,作业人员应正确使用安全防护用具。 (3) 交叉作业应避免在同一垂直作业面上进行,否则应按规定设置隔离防护设施。 (4) 用井架运输混凝土时,应设制动安全装置,升降应有明确信号,操作人员未离开提升台时,不得发升降信号。提升台内停放的手推车不得伸出台外,车辆前后要挡牢。 (5) 用料斗进行混凝土吊运时,料斗的斗门在装料吊运前一定要关好卡牢,以防止吊运过程被挤开抛卸。 (6) 用溜槽及串筒下料时,溜槽和串筒应固定牢固,人员不得直接站到溜槽帮上操作。 (7) 用混凝土输送泵泵送混凝土时,混凝土输送泵的管道应连接和支撑牢固,试送合格后才能正式输送,检修时必须卸压。 (8) 有倾倒、掉落危险的浇筑作业应采取相应的安全防护措施	 混凝土施工

续表

序号	风险点	风险分析	管控措施	相关图例
6	防洪防汛	(1) 未编制防洪防汛应急预案。 (2) 箱涵施工两侧沟渠无封堵措施或封堵不到位。 (3) 箱涵施工区域无降水排水措施	(1) 根据当地情况，编制防洪防汛应急预案，配备好充足的应急救援物资。加强与当地气象部门、水文部门联系，掌握雨情水情，按当地政府和建设方的防汛要求，组织好防汛队伍，备足防汛物资和器材，安排专人24 h防汛值班，确保通信联络畅通。 (2) 箱涵施工区域两侧应填土封堵，应满足抵挡当地区域50 a一遇降雨。 (3) 在箱涵基坑内设置充足的集水井及排水沟，集水井和排水沟应随每层土方开挖层层设置	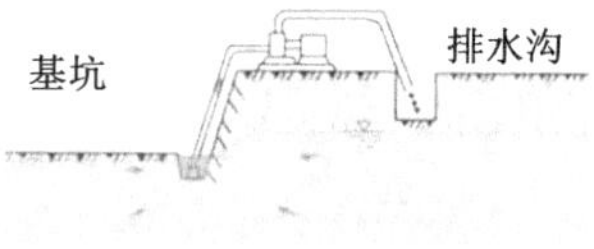 降水示意图
7	吊装	(1) 起重机械选择不合理。 (2) 起重机械日常检查不到位。	(1) 起重机械满足构件的外形尺寸、重量、安装位置及起重机安置地点等客观要求；起重机的技术性能包括起重量、作业半径和起吊高度应满足要求。 (2) 起重机械日常检查应符合下列要求： ① 施工技术：按照施工组织设计中的安全技术措施，对施工中的安全技术问题进行日常检查，按照分部、分项工程的安全技术交底，对安全实施情况进行日常检查。 ② 现场安全员及机械工程师：对现场起重操作进行全过程监控，对安全操作情况及机电设备、车辆的安全防护装置和保险装置进行日常安全检查、对操作者进行按章操作的日常安全检查。 ③ 安检工程师：经常深入现场，对安全生产情况进行日常安全检查，对事故隐患、不安全因素进行日常安全检查，提出改进意见和整改措施，落实到作业班组和每名操作者。	 吊装作业

续表

序号	风险点	风险分析	管控措施	相关图例
7	吊装	(3) 无证操作。 (4) 作业区域无警戒线或警示标志。 (5) 未严格执行“十不吊”要求	④ 操作者:经常自查遵章守纪、按章操作情况。自检对劳动保护用品爱护、保养情况,有不正常使用的要立即改正。 (3) 吊装和指挥人员必须经过专业培训,持证上岗。非紧急意外情况下,现场专人统一指挥,信号明确。 (4) 有完善的吊装方案,划定警戒线,设置安全标志,禁止非施工人员入内。 (5) 起重机操作人员严格执行“十不吊”要求,吊装作业安全管理人员应全程旁站,监督吊装安全行为,及时制止不规范吊装行为	 吊装作业警戒区域
8	箱涵回填	(1) 作业人员无证操作。 (2) 机械设备有缺陷。 (3) 作业场所没有围蔽。 (4) 夜间施工未设置红灯警示。 (5) 车辆在不安全区域行驶、停放。 (6) 作业范围有人员走动	(1) 驾驶员必须持证经相关单位报审批准后方可上岗。 (2) 机械作业前必须由专人进行安全检查,确认无误后方可进行作业。 (3) 施工区域由安全员负责组织人员进行围蔽,并负责检查。 (4) 施工区域由安全员设置红灯警示,并负责检查使用。 (5) 回填基坑时只开放一边围栏用于回填机械、车辆的进出,其他三面保持围蔽,配备指挥员。 (6) 机械作业半径内禁止人员通行及其他作业	 箱涵分层回填

续表

序号	风险点	风险分析	管控措施	相关图例
9	施工用电	(1) 施工方案缺乏或不符合要求。 (2) 电工无证操作。 (3) 作业人员未穿戴绝缘防护用品。 (4) 电箱未设置保护装置。 (5) 配电系统未实行三级配电。 (6) 用电架空线路不符合要求	(1) 应编制安全专项施工方案,方案要有针对性,并且通过相关部门的审核。 (2) 电工应持证上岗。 (3) 用电作业及用电检查前作业人员应穿戴好绝缘防护用品,电工应由两人一组,相互配合。 (4) 按规范要求设置配电箱防护棚及其他保护装置,要求消防器具配备齐全。 (5) 按"配电柜、配电箱、开关箱"形成施工用电三级配电系统,总配电箱设在靠近电源的区域,分配电箱设在用电设备或负荷相对集中的区域。分配电箱与开关箱的距离不得超过 30 m,开关箱与其控制的固定式用电设备的水平距离不宜超过 3 m,施工现场应按"一机一箱一闸一漏"设置。 (6) 施工现场用电线路的敷设应架空或埋地敷设。架空线路严禁沿脚手架、树木或其他设施敷设。架空线路应沿电杆、支架或墙壁敷设,并采用绝缘子固定,绑扎线必须采用绝缘线。电缆线路严禁穿越脚手架引入在建工程,必须采用电缆埋地引入。电缆垂直敷设上楼层不得与外脚手架相连,应充分利用在建工程的竖井、垂直孔洞,电缆垂直敷设也可穿套管沿外墙敷设,固定点每层不得少于一处。电缆埋地敷设时埋深不小于 0.7 m,经过道路等易受损伤场所应加设套管。接零保护系统的电缆线路必须采用五芯电缆。电线及电缆应保持外皮完好,绝缘良好	 一级配电箱防护

（七）给排水管道施工

序号	风险点	风险分析	管控措施	相关图例
1	给排水管道沟槽开挖	(1) 沟槽开挖未按设计及图纸要求设置管道底部开挖宽度。 (2) 沟槽边坡两侧临时堆土不符合设计要求。 (3) 开挖深度过大时，未进行分层开挖。 (4) 开挖多层沟槽的层间未留台或留台宽度不符合规范要求。 (5) 开挖前未检测周边环境	(1) 沟槽开挖应按设计要求设置管道底部开挖宽度。 (2) 堆土距沟槽边缘不小于 0.8 m，且高度不应超过 1.5 m；沟槽边堆置土方不得超过设计堆置高度。 (3) 人工开挖沟槽的槽深超过 3 m 时应分层开挖，每层的深度不超过 2 m。 (4) 人工开挖多层沟槽的层间应留台宽度：放坡开槽时不应小于 0.8 m，直槽时不应小于 0.5 m，安装井点设备时不应小于 1.5 m。 (5) 开挖前应检测周边是否存在天然气管道、电缆、光缆等，如发现立即向有关部门了解清楚后，确保施工安全方可施工	 管道沟槽开挖示意图
2	管道安装	(1) 管道安装未进行交底、交底不清晰。 (2) 管道吊装时发生起重机设备损坏、支腿下陷、重物掉落等。 (3) 现场施工用电不规范。 (4) 管道焊接作业人员未持证上岗，施工过程中未穿戴劳动防护用品	(1) 管理人员应对施工人员进行详细交底，并做好交底影像记录存档。 (2) 选择合适的起重机器具，吊装索具定期检查，如发现问题立即停止使用。 (3) 遇到五级以上大风、大雨恶劣天气应停止吊装作业。 (4) 合理选择吊装位置，严格遵守吊装作业规程。 (5) 吊装前起重器具应检查确认合格，吊装时钢丝绳绑扎正确、牢固，并在吊装管道的四周用木板或橡胶垫对钢丝绳做防滑保护。 (6) 所有的电工用具、电线必须完好，雨天禁止使用带电工具作业，电线架高或埋入土中，各种电动机具必须按规定接地，并设置“一机一闸一保护”。 (7) 管道焊接作业人员必须持证上岗，穿绝缘防护鞋、戴防护手套和防护镜，防止弧光灼伤、焊渣烫伤	 管道安装

续表

序号	风险点	风险分析	管控措施	相关图例
3	管道沟槽回填	(1) 人工回填时打夯机使用前未进行全面检测,蛙式打夯机违规操作,槽边未设置专人看护。 (2) 机械回填时未配备指挥人员,机械使用人员操作不当	(1) 作业前检查打夯机是否完好,整机是否连接牢固、是否出现开焊及严重变形等情况,严禁打夯机带病运转。 (2) 蛙式打夯机必须由电工接装电源、活动闸箱、单向开关,检查线缆绝缘、接线质量、开关可靠性。手把应缠裹绝缘胶布或绝缘胶管,并经试夯确认安全后方可作业。 (3) 蛙式打夯机应由两人操作,一人扶夯,一人牵线。两人必须穿绝缘鞋、戴绝缘手套;电缆绞缠时必须停止操作,严禁在打夯机运行时砸线、隔夯扔线;转向或倒线有困难时,应停机;清除夯盘内的土块、杂物时必须停机;严禁在打夯机运转中清掏杂物;人工抬、移蛙式打夯机前,必须切断电源。 (4) 作业后打夯机必须切断电源,盘好电缆线,入库存放或盖好。 (5) 槽边必须设专人看护,避免发生高空坠落、物体打击等,禁止重型机械靠近坑槽边。 (6) 机械回填时指挥人员必须站在机车的两侧指挥;机械工作时任何人不许站(坐)在机车上;两台以上压路机碾压时,其间距应保持 3 m 以上;推土机上下坡坡度不得超过 35°,横坡行驶坡度不得超过 10°;停车时应将制动器制动住,禁止停放在坡道上	 回填碾压

续表

序号	风险点	风险分析	管控措施	相关图例
4	闭水试验	(1) 检查井周边未采取防护措施。 (2) 管道灌水前未对管内进行检查。 (3) 下井作业人员未佩戴劳动防护用品。 (4) 用电设备未安排专人看管,违规操作用电设备	(1) 在施工范围内,应设置护栏、加盖等防护措施,并设置警示灯。 (2) 管道封堵前和向管道内放水前,必须检查管内状况,确认管道内无人后方可封堵或放水。 (3) 下井作业人员必须佩戴安全帽、安全带、口罩,井上必须留置 1~2 人,如发生危险需尽快将井下人员吊出井口。 (4) 各机电设备应安排专人看管,用电设备应"一机一闸一漏",严格采用接地、接零保护和安装漏电保护器,水泵和部件维修时必须切断电源,严禁带电操作	 设备保证"一机一闸一漏"
5	附属构筑物安装	(1) 检查井安装未设置坡道、斜道、安全梯。 (2) 井室安装未设置作业平台。 (3) 脚手架进场验收及使用不规范。 (4) 井室内作业未对作业现场实际情况进行检查。 (5) 井室施工前未对施工范围做相应的安全防护	(1) 检查井周边应设置安全坡道,安全梯应采用固定式直爬梯,爬梯应用金属材料制成;梯宽宜为 50 cm,埋设与焊接必须牢固;梯子顶端应设 1.0~1.5 m 高的扶手;攀登高度超过 7 m 以上部分宜加设护笼;超过 13 m 时,必须设梯间平台。 (2) 井室安装应设置作业平台,作业平台宽度应满足施工安全要求,在平台范围内应铺满、铺稳脚手板。 (3) 脚手架进场验收及使用应规范。 (4) 进入已建管道或井室内作业前,必须打开井盖进行通风。进入前,必须先检测其内部空气中的氧气和有毒有害气体浓度,确认空气质量符合安全要求,并记录后方可进入作业。如需继续进入井内作业,当再次进入前应重新检测,确认合格并记录。作业中必须对作业环境的空气质量进行动态监测,确认合格并记录。 (5) 井室施工作业现场应设护栏和安全标志	 井室作业安全防护

续表

序号	风险点	风险分析	管控措施	相关图例
6	管道内冲洗	(1) 作业人员劳动防护用品配备不齐全。 (2) 作业人员未对管道内进行密闭或有毒有害气体检测	(1) 下井工作人员必须系安全带、戴安全帽、穿安全鞋。 (2) 作业前必须掀开井盖,用便携式有害气体检测仪检查有害气体浓度。当有害气体浓度超过0.5%或氧气浓度低于18%时,不得进入,必须先进行通风处理;当有害气体浓度低于0.5%,氧气浓度高于18%时方可进入,检测时间不小于5 min	 作业前检测空气质量,并有专人看护

（八）电力管沟施工

序号	风险点	风险分析	管控措施	相关图例
1	沟槽开挖	(1) 开挖前未探明周围管线及地下情况。 (2) 开挖机械无专人指挥,发生机械事故。 (3) 沟槽开挖中发生塌方、边坡失稳事故。	(1) 开挖管沟前,应对地下设施如光缆、管线等进行充分调查,必要时应提前进行地下勘探,在光缆、管线等两侧6 m范围内应用人工开挖的方式,避免破坏管线、光缆等设施。 (2) 在挖掘机等大型机械施工时,应有专人旁站监督指挥;机械回转作业时,配合人员必须在机械回转半径以外工作。 (3) 应严格按照设计坡率开挖管沟;沟槽两侧堆土距管沟边缘不应小于0.5 m,堆积高度不应超过1.5 m。 (4) 管沟上方有凸出物或其他易脱落、易滚落的石块等,应提前清除。	 沟槽开挖

续表

序号	风险点	风险分析	管控措施	相关图例
1	沟槽开挖	(4) 沟槽内土体流失,环境污染和沟槽失稳。 (5) 发生人员坠落事故	(5) 在雨季施工阶段应设置排水、挡水等设施,并常备抽水设备,及时对沟槽内积水进行抽排,保证沟槽整体稳固,防止土体流失。 (6) 做好临边防护,提前采购临边围护设施,并设立盖板、警示牌、反光带等警示设施	 沟槽开挖
2	管材运输	(1) 在运输和堆放过程中发生触电事故。 (2) 发生滚落、坠落、物体打击事故	(1) 所有施工机具设备在行走、吊装、装卸过程中其任何部位与架空电力线路的安全距离应符合规范要求。 (2) 在需调运管道时,起重机械和运输人员必须保持行动一致,并配有专人统一指挥,起吊前检查吊钩和钢丝绳等设施是否完好,做到及时更换,在管材堆放中,不得超过限制高度,并且不得与其他材料混放,安装必要的枕木和挡板,防止滚落	 材料堆放

续表

序号	风险点	风险分析	管控措施	相关图例
3	管线下沟	(1) 人机坠落管沟。 (2) 机械伤害。 (3) 管沟塌方,边坡失稳	(1) 临边应设置1.2 m保护围挡并加固,施工人员作业时应设置斜道供上下通行。 (2) 在管线下沟前应进行安全技术交底,并检查吊钩、钢丝绳等是否完好。 (3) 应配置专职指挥人员,进行指挥监护。 (4) 地质情况较差或开挖深度较深时,需提前编制开挖支护方案,并严格按方案实施,采取有效的支撑方式后,方可进行作业	 沟槽安全防护
4	管线对接安装	(1) 电气工作人员未持证上岗。 (2) 管线安装人员未佩戴劳动防护用品。 (3) 工作面狭窄,未配备专人监护	(1) 电气工作人员应持证上岗,管理人员应做好登记存档。 (2) 作业人员作业时必须佩戴安全帽,穿干燥工作服、绝缘鞋,戴绝缘手套、套袖及其他劳动防护用品。 (3) 管线安装必须留有足够工作面,应两人轮流作业,一人作业一人监护,监护人随时注意操作人员的安全操作是否正确,一旦发现危险情况应立即切断电源,进行抢救。身体出汗,衣服潮湿时,严禁将身体靠在金属及工件上,以防触电	 综合管线作业

续表

序号	风险点	风险分析	管控措施	相关图例
5	试送电	(1) 工作人员不熟悉送电系统或违规操作。 (2) 试送电现场未进行封闭	(1) 送电操作人员必须熟悉高压供电系统、高低压开关的操作流程及各种开关、按钮的操作方法,佩戴高压绝缘手套、穿绝缘鞋。 (2) 试送电前必须对周围环境进行检查,对危及人身安全的因素,必须采取预防措施,严禁与送电试验无关的人员进入	 佩戴高压绝缘手套

(九) 附属工程施工

序号	风险点	风险分析	管控措施	相关图例
1	道路标志牌施工	(1) 未按方案施工,导致标志牌倒塌伤人。 (2) 作业人员未接受安全技术交底。 (3) 施工现场未设置专人维护现场交通秩序	(1) 按方案施工,保证施工质量。 (2) 作业人员必须接受安全教育及安全技术交底后方可上岗作业。 (3) 现场专人指挥,维护交通秩序	 警示标志牌

续表

序号	风险点	风险分析	管控措施	相关图例
2	路面标志线	(1) 现场施工无专人指挥，未设置醒目的标志、安全护栏等设施。 (2) 夜间施工，照明不足，影响视线	(1) 施工现场进行封闭或半封闭管理，在施工区域及路口处设交通指挥员，交通指挥员必须配有交通管理袖标、服饰，在夜间穿反光背心，配置夜间指挥棒。 (2) 施工区域、社会交通相会处设置指路牌、限速标志、导行标志及夜间指示灯，以确保车辆及行人的安全。 (3) 夜间施工时，要在施工区域内架设路灯杆线，设置照明灯，具备足够的照明，以保证车辆、人员的安全	 标志线作业
3	路缘石施工	(1) 路缘石切割过程中，出现机械伤害。 (2) 路缘石运输过程中超载，装卸货时违规操作。 (3) 路缘石堆放超高，出现倒塌事故。 (4) 路缘石随地堆放。 (5) 机械移位、检修，带电操作，电缆破坏。 (6) 无关人员随意进入施工危险地段	(1) 作业前做好安全技术交底。 (2) 路缘石托盘运输过程中，选择合适的规格尺寸，禁止超载。装卸时应严格按照规范进行操作。 (3) 路缘石定点码放，严防倾斜，高度不大于 2 m 并用绿网覆盖，设置安全提示标志。 (4) 机械设备移位、电器检修必须断电操作，严禁带电作业，并挂上警示牌；移位时必须有专人指挥、照看电缆，防止电缆压坏损伤。 (5) 施工危险地段应设置醒目标志和标语，严禁非作业人员进入施工危险地段	 路缘石

续表

序号	风险点	风险分析	管控措施	相关图例
4	附属工程施工（路灯施工）	(1) 未接受安全技术交底。 (2) 机械开挖及路灯吊装时操作不当。 (3) 电缆铺设不当，管线破损	(1) 作业前做好三级安全教育及安全技术交底。 (2) 各类车辆司机严格按操作规程进行操作，签订安全生产责任制，不得酒后及穿拖鞋上机作业或带病作业；机械操作人员必须持有效证件上岗；必须做到定机、定人、定岗。 (3) 电缆的固定、间距、弯曲半径应符合规定；电缆接头良好，绝缘性能应符合规定；电缆沟必须符合要求，沟内无杂物；保护管的连接、防腐应符合规定；电缆敷设前，应进行电气性能试验，合格后方可施工。电缆敷设应根据其走向、规格合理安排顺序，一般不应有交叉。线在管内或线槽内不允许有接头和缠绕，导线在出口处应装有护线套	 路灯作业

（十）绿化施工

序号	风险点	风险分析	管控措施	相关图例
1	场地平整	(1) 机械操作人员违章操作。 (2) 未接受安全技术交底。 (3) 无应急措施	(1) 机械施工时安排专人指挥，遵守操作规程。 (2) 落实“五交底”，所有作业人员必须接受安全教育后方可上岗作业。 (3) 编制应急方案，组织学习	 场地平整作业

续表

序号	风险点	风险分析	管控措施	相关图例
2	树穴开挖	(1) 作业人员酒后上岗,违规操作,安全操作间距不足。 (2) 树穴开挖前未定点放线,未接受安全教育和安全技术交底。 (3) 无应急措施	(1) 所有作业人员必须接受安全教育和安全技术交底后方可上岗作业,禁止酒后上岗,严禁违规操作。 (2) 施工前做好定点放线工作,开挖时人与人之间保持安全距离,按规范施工。 (3) 编制应急方案,组织学习	 树穴作业
3	苗木运输	(1) 苗木在运输过程中出现晃动、移动、掉落等情形。 (2) 苗木的枝条未用绳子束缚好。 (3) 运输车辆的警示标志不清,司机操作盲区大。 (4) 无应急措施	(1) 运输苗木时,要将苗木固定在车上,用绳子将树枝束缚好,避免运输过程中枝条折断或者伤到路上的行人、车辆。 (2) 在苗木运输过程中,要在树枝及车辆显眼位置放置警示标志,车辆行驶过程中打双闪灯,司机应小心慢行,确保自身安全及过往行人、车辆安全。 (3) 编制应急方案,组织学习	 苗木运输

续表

序号	风险点	风险分析	管控措施	相关图例
4	吊树栽植	(1) 起重机作业面受限、操作人员违章操作。 (2) 未拉警戒线或无警示标志。 (3) 未接受安全教育和安全技术交底。 (4) 工人未按要求穿戴劳动防护用品。 (5) 无应急措施	(1) 组织起重机指挥员和操作人员提前熟悉现场,制定安全可靠的吊装方案,设置警戒线或警示标志,安排专人指挥,遵守操作规程,禁止违章操作,避免造成机械伤害。 (2) 所有作业人员必须接受安全进场教育和安全技术交底后方可上岗作业。 (3) 进场作业人员必须按要求佩戴好劳动防护用品。 (4) 编制应急方案,组织学习	 吊树栽植
5	立支撑架	(1) 支撑架安装不牢固。 (2) 未接受安全教育和安全技术交底。 (3) 警示标志不清或无标志。 (4) 无应急措施	(1) 作业人员进场前做好安全教育和安全技术交底,施工完成后反复检查支撑架安装是否到位,避免后期造成安全隐患。 (2) 提前在施工现场放置安全警示标志。 (3) 编制应急方案,组织学习	 支撑架安装就位

续表

序号	风险点	风险分析	管控措施	相关图例
6	绿化养护	(1) 绿化养护过程中工人未佩戴口罩、手套等防护用品。 (2) 未接受安全教育和安全技术交底。 (3) 警示标志不清或无标志。 (4) 无应急措施	(1) 绿化养护作业前要求作业人员按规定佩戴好防护用品。 (2) 所有作业人员必须接受安全教育和安全技术交底后方可上岗作业。 (3) 在施工现场设置好安全警示标志。 (4) 提前编制应急方案,组织学习	 道路绿化养护

三、案例分析

(一) 交通事故案例分析

1. 事故概况

2019 年 10 月 4 日 3 时 43 分,发生一起重型半挂牵引车牵引重型平板半挂车与小轿车碰撞事故,造成 5 人当场死亡,两车不同程度损坏。

2. 事故经过

2019 年 10 月 4 日凌晨,覃某枚驾驶小型轿车搭载 4 人于当日凌晨 3 时 43 分许行驶至因施工通行车辆改道至左半幅双向双车道通行路段处时,其所驾驶的车辆驶过道路左(东)侧与相对方向行驶由廖某壮驾驶的重型半挂牵引车牵引重型平板半挂车发生正面碰撞,造成小型轿车上的5人当场死亡及两车不同程度损坏。

3. 事故原因和性质

(1) 直接原因

① 当事人覃某枚持准驾C1型机动车驾驶证在实习期内,驾驶小型轿车通过设置有多类交通标志的施工作业改道路段时,未按照警示标志减速行驶,而超过道路限速标明的车速通行,且穿越中心分隔锥形桶逆向行驶,造成交通事故。其过错行为是导致交通事故发生的主要原因。根据《中华人民共和国道路交通安全法实施条例》和《道路交通事故处理程序规定》的相关规定认定覃某枚承担此事故的主要责任。

② 当事人廖某壮增驾A2型机动车驾驶证在实习期内,独自驾驶制动系统效能不符合技术标准的重型半挂牵引车牵引制动系统效能不符合技术标准的重型平板半挂车在施工作业路段上通行时,超过道路限速标明的车速行驶,造成交通事故。其过错行为是导致交通事故发生的次要原因。根据《中华人民共和国道路交通安全法实施条例》和《道路交通事故处理程序规定》的相关规定认定廖某壮承担此事故的次要责任。

(2) 间接原因

① 驾驶人员安全意识淡薄。覃某枚、廖某壮作为机动车驾驶人员,在实习期内,在没有持相应或者更高准驾车型驾驶证三年以上的驾驶人陪同下,驾驶机动车上道路行驶,且超速通过设置有多类交通标志的施工作业改道路段,安全意识淡薄。

② 广西某物流有限公司安全生产管理不到位。一是安全管理缺失。该公司委托某科技有限公司对车辆动态进行统一监管,对驾驶人超速、疲劳驾驶等行为没有实时提醒并督促整改,对违法行为未采取措施制止。车辆管理混乱,对车辆钥匙没有统一保管。二是安全生产责任制度不健全。没有针对实习驾驶员的管理制度,驾驶员驾车营运无跟踪管理及派出情况没有细化制度。三是从业人员的安全教育培训记录不健全。无从业人员上岗前培训记录。四是从业人员的档案及车辆技术档案不完善。

③ 广西某工程集团有限公司未按既定施工交通组织专项方案(下称施工方案)进行施工。该公司作为施工单位,未严格按照经批准的施工方案施工:一是施工改道紧急通道开口宽度不足。二是施工改道路段在实行半幅双向通行时,未按规定使用隔离设施进行隔离。在施工方案中要求使用注水达到90%的防撞桶(水马)隔离,实际使用红白相间的反光锥形桶和未注水的空水马相结合隔离。三是没有按照施工方案设计的施工进度组织施工,未能在重大节假日保畅通的情况下恢复四车道通行。

(3) 事故性质

经事故调查组调查认定,该起较大道路交通事故是一起较大生产安全道路交通责任事故。

4. 事故责任认定及处理建议

为吸取事故教训，教育和惩戒有关责任人和责任单位，根据有关法律法规规定，对事故的有关责任人、责任单位提出以下处理的建议。

（1）对事故车辆驾驶员的处理建议

① 覃某枚，肇事小型轿车驾驶人，对事故负有重大责任。涉嫌构成交通肇事罪，鉴于其已在事故中死亡，建议不再追究责任，由公安交通管理部门注销其机动车驾驶证。

② 廖某壮，肇事重型半挂牵引车牵引挂重型平板半挂车驾驶人，对事故负有重大责任，涉嫌构成重大责任事故罪，建议公安机关依法追究其刑事责任。

（2）对涉事企业及相关人员的处理建议

① 广西某物流有限公司。该公司安全生产主体责任落实不到位，对企业名下运输车辆的管理缺失，未认真开展安全隐患排查治理，导致事故车辆安全技术不符合国家标准；对车辆动态监控缺失、安全教育培训缺失等情况没有有效监管。其违反《中华人民共和国安全生产法》（以下简称《安全生产法》）以及相关法律法规。建议市应急管理部门及交通运输管理部门按照职责分工对该公司暴露出的违法违规行为依照法律规定予以行政处罚，并将该公司纳入安全生产联合惩戒管理。

② 党某连，广西某物流有限公司法人代表；沙某录，该公司分管安全生产的副经理；李某游，该公司调度主管。以上人员作为公司法人和负责安全生产方面的管理人员，对本公司的安全生产工作全面负责，未履行《安全生产法》规定的安全生产管理职责，导致发生较大安全生产事故，建议由市应急管理部门及交通运输管理部门按照职责分工对相关责任人依照法律规定予以行政处罚。

（3）对有关责任单位的责任人员的处理建议

① 李某兴，时任广西某工程集团有限公司项目经理部常务副经理，主持项目部党政全面工作，具体分管安全部。其在组织实施项目施工过程中，一是督促、检查本单位安全生产工作不严谨、不细致，对施工方案贯彻执行把关不严，项目部没有严格按照经审批的施工方案来组织施工，导致施工改道紧急通道开口宽度和隔离防护措施不符合施工方案设计要求；二是对施工进度组织、管控不到位，实际施工进度没有按照施工方案设计的施工进度进行，涉路施工路段未能在 2019 年国庆节重大节假日期间恢复左右半幅双向四车道通行。李某兴对此负有主要领导责任和重要领导责任，建议由所在单位按照有关规定给予警示谈话。

② 韦某甲，时任广西某工程集团有限公司项目经理部副经理，协助分管安全管理和施工生产工作，具体分管一工区。作为分管施工生产和安全工作的领导，一是没有严格按照施工方案组织施工，在组织施工改道时出现施工改道紧急通道开口宽度不足和

隔离防护措施没有按照施工方案设计要求执行的问题；二是未认真履行安全生产监管职责，组织开展安全生产监督检查走过场，没有及时发现并纠正施工改道紧急通道开口宽度不足、隔离防护措施没有按照施工方案摆设等安全隐患；三是未认真贯彻执行上级部门关于重大节假日期间保持道路畅通的规定，没有采取有力措施确保涉路施工路段在2019年国庆节期间恢复左右半幅双向四车道正常通行。韦某甲对此负有重要领导责任，建议由所在单位按照有关规定给予政务警告处分。

③ 蒙某健，时任广西某工程集团有限公司工程项目经理部安全部主管。一是开展安全生产检查不认真、不细致，形式主义、官僚主义严重，仅组织安全员通过车上巡查或沿路观看的方式开展路面巡查，没有组织人员测量过紧急通道开口的实际宽度，也没有组织人员对照施工方案开展安全生产检查，工作走过场、流于形式；二是不认真贯彻执行施工方案设计要求，没有督促严格按照施工方案设计要求组织施工，虽了解施工方案设计的施工改道紧急通道开口宽度是45 m，但没有发现并指出施工改道紧急通道开口实际宽度39.53 m与施工方案设计的45 m相差5.47 m的问题，也没有及时发现并纠正事故发生路段用于隔离防护的水马未按施工方案设计要求摆放且部分水马注水量不足的安全隐患，履行安全监管职责不力。蒙某健对此负有直接责任，建议由所在单位按照有关规定给予政务警告处分。

（二）坍塌事故案例分析

1. 事故概况

2020年9月20日15时10分，承德市某道路施工过程中，发生一起坍塌事故，造成3人死亡，直接经济损失338万元。

2. 事故经过

9月20日，工长杨某荣指挥挖掘机司机郭某存进行沟渠的开挖工作，15时10分停止挖掘作业，郭某存驾驶挖掘机处于启动状态在沟槽南侧尽头上方等待下一步工作指令，临时工王某宪、孙某娟负责测量协助工作。杨某荣、王某宪、孙某娟3人开始对西侧沟槽进行测量，王某宪负责固定标尺，孙某娟负责平整沟槽底部地面，2人处于同一位置，杨某荣在另一侧负责测量，因挖掘机噪声过大，王某宪无法听到杨某荣指令，不能确定具体测量的位置，杨某荣走到王某宪、孙某娟一端，3人说话时自北向南70 m至73 m的管道沟槽东壁瞬间坍塌，将3人掩埋，事故发生后郭某存立即拨打“119”救援电话，随后又分别拨打“110”“120”电话。

3. 事故原因和性质

(1) 直接原因

施工单位在施工过程中，未按照设计坡率1∶1～1∶1.5开挖，采用自定坡率1∶0.11放坡，开挖坡率不能满足基坑稳定要求，堆土致使土层失稳发生坍塌，导致事故发生。

（2）间接原因

① 中标后未及时编制专项施工组织设计，未对施工人员进行技术交底。

② 违章指挥，违章作业，未履行开工程序、未取得开工令擅自施工。

③ 未对已进场人员进行安全教育培训，致使作业人员安全意识淡薄。

④ 未及时安排专职安全员进场。

⑤ 项目部安全管理混乱，管理人员权责不清。项目经理王某武只是挂名，未依法履行项目经理职责。未履行变更程序、未经发包人同意，擅自委托他人担任项目经理。

⑥ 现场土质存在开挖稳定性差、易坍塌的特征。施工过程中，又将弃土堆置距沟顶 1 m 位置，形成地面超载，加剧边坡失稳坍塌。

（3）事故性质

经调查认定，该起事故是一起较大生产安全责任事故。

4. 事故责任认定及处理建议

（1）建议移送司法机关处理的责任人员

① 杨某荣，施工单位项目部技术员，负责现场施工和技术工作。违章指挥，违章作业，未取得开工许可手续、未按照设计要求擅自施工，对事故发生负有直接责任。

② 王某武，施工单位法人代表、总经理、项目部经理，负责公司全面工作。挂名项目经理，未依法履行项目经理职责；未履行变更程序、未经发包人同意，擅自委托他人担任项目经理，对事故发生负有直接责任，涉嫌重大责任事故罪。依据《中华人民共和国刑法》(以下简称《刑法》)相关规定，建议移送司法机关追究其刑事责任。

③ 孙某信，施工单位副总经理、项目实际负责人、技术负责人，负责项目部全面工作。未对项目施工安全进行检查；未及时编制专项施工组织设计，未对参与人员进行技术交底；未及时安排专职安全员进场，对事故发生负有直接责任，涉嫌重大责任事故罪。依据《刑法》相关规定，建议移送司法机关追究其刑事责任。

④ 郭某存，挖掘机司机，负责项目沟槽开挖工作。上岗前未经过安全教育培训；违章作业，未按设计坡率施工，施工过程中，又违规将弃土堆置距沟顶 1 m 位置，形成地面超载，加剧边坡失稳坍塌；在事故发生后，未采取及时有效的救援措施，对事故发生负有直接责任，涉嫌重大责任事故罪。依据《刑法》相关规定，建议移送司法机关追究其刑事责任。

（2）建议给予行政处罚的责任人员

曹某利，施工单位项目安全员，负责项目安全生产工作。未对项目部人员进行安全教育培训，未及时进入施工现场履职，未及时发现并制止施工现场违章指挥、违章作业行为，对事故发生负有责任，依据《生产安全事故报告和调查处理条例》相关规定，建议由市交通局提请省交通厅撤销其安全生产考核合格证书。

(3) 对事故责任单位的处理建议

该项目施工单位，安全管理和培训教育不到位，管理人员安全意识淡薄，安全制度流于形式，违章指挥，违章作业，未履行开工程序、未按照设计要求擅自施工，对事故发生负有责任，依据《安全生产法》相关规定，建议由市应急管理局对其处人民币 100 万元以上 200 万元以下的罚款。同时建议将该公司列入安全生产“黑名单”管理。

(三) 触电事故案例分析

1. 事故概况

2020 年 8 月 16 日 22 时许，某围挡供货单位作业人员在某项目工地内拆除临时围挡时，发生一起触电事故，造成 2 人死亡。

2. 事故经过

8 月 16 日 19 时左右，围挡供货单位郑某、陈某 1、陈某 2、陈某玉和 2 名作业人员在事故工地进行一期围挡拆除和二期围挡安装。因门卫室空调和工地照明需要用电，王某超(项目副经理)打电话给专职电工让其送电，电工随后将二级总配电箱的电闸推上送电。22 时许，陈某 2 持角磨机拆除围挡至钢模板旁时，身体碰到钢模板触电倒下，在场作业人员以为是角磨机带电，随后，陈某 1 将角磨机电源断开，郑某在对陈某 2 进行施救时也触电倒地。

3. 事故原因和性质

(1) 直接原因

钢模板放置在电缆上，导致电缆护套和绝缘层破损，电缆内芯与钢模板接触，电缆通电后钢模板带电，陈某 2 在进行围挡拆除作业时碰到钢模板触电，随后郑某盲目施救时也触电是这起事故发生的直接原因。

(2) 间接原因

① 未对管理人员、作业人员开展相关安全教育培训、应急救援演练。

② 专职安全人员履职不到位，施工前未对现场安全隐患进行排查。

③ 违章指挥，违章作业，未办理危险作业许可手续及无监护人。

④ 施工现场电线架设不当，拖地、与金属物接触。

⑤ 专职电工未严格按送电操作规程要求执行。

(3) 事故性质

经调查认定,该起触电事故是一起生产安全责任事故。

4. 事故责任认定及处理建议

(1) 建议追究刑事责任人员

① 杨某杰,总包单位聘用电工,未按照国家标准设置临时用电工程,未正确敷设施工现场的电缆,是导致事故发生的直接原因,涉嫌重大劳动安全事故罪,建议由公安机关依法立案侦查。

② 于某江,劳务分包单位项目综合班组班组长,事故叉车驾驶人,违规将施工现场的钢模板放置在电缆上,导致电缆护套和绝缘层破损,电缆内芯与钢模板接触,电缆通电后钢模板带电,是导致事故发生的直接原因,涉嫌重大责任事故罪,建议由公安机关依法立案侦查。

(2) 建议给予行政处罚人员

① 刘某,总包单位总经理,负责公司的全面工作。未认真督促、检查项目部的安全生产工作,对项目部存在的安全管理制度不落实和安全管理体系混乱的隐患失察,对事故发生负有管理责任。依据《安全生产法》相关规定,建议由市应急管理局对其进行行政处罚。

② 宋某康,总包单位项目部常务副经理,分管项目生产经营工作。未纠正施工现场临时用电工程不规范的问题,未发现施工现场电缆放置不规范,钢模板放置在电缆上的问题,对事故发生负有管理责任。依据《安全生产违法行为行政处罚办法》相关规定,建议由市应急管理局对其进行行政处罚。

③ 许某,监理单位项目监理部安全工程师。未正确履行监理职责,未严格验收临时用电工程,未发现施工现场配电箱及电缆设置不规范的问题,对事故发生负有监理责任。依据《安全生产违法行为行政处罚办法》相关规定,建议由市应急管理局给予其行政处罚。

④ 陈某3,劳务分包单位总经理兼项目现场负责人。安排不具备资格的人员从事叉车作业,对事故发生负有管理责任。依据《安全生产违法行为行政处罚办法》相关规定,建议由市应急管理局给予其行政处罚。

(3) 建议给予问责处理人员

李某明,总包单位项目部经理。未严格履行职责,未发现项目部存在的临时用电和隐患排查制度不落实的问题,对事故发生负有管理责任。依据《安全生产领域违法违纪行为政纪处分暂行规定》相关规定,建议给予其政务记过处分。依据相关规定,由城乡建设部门按规定暂扣其安全考核证书。

(4) 建议给予行政处罚单位

① 总包单位，未严格履行安全生产主体责任，未有效督促项目部落实安全管理制度，未及时发现纠正项目部安全管理体系混乱的问题。事故项目存在未按规范设置临时用电工程、违规放置电缆、未规范管理特种设备作业人员、钢模板放置在电缆上等事故隐患，对事故发生负有主要责任。依据《安全生产法》相关规定，建议由市应急管理局对其进行行政处罚。

② 劳务分包单位，未正确履行安全管理职责，安排不具备资格的人员驾驶叉车，叉车驾驶人员将钢模板放置在电缆上导致其护套和绝缘层破损，钢模板带电，对事故发生负有责任。依据《安全生产违法行为行政处罚办法》相关规定，建议由市应急管理局对其进行行政处罚。

（四）车辆伤害事故案例分析

1. 事故概况

2018 年 7 月 16 日 14 时 10 分，某公路施工单位在进行道路维修施工作业时，发生一起车辆伤害事故，造成 1 人死亡。

2. 事故经过

2018 年 7 月 16 日 7 时，施工单位在进行路面维修施工作业。14 时 10 分，司机刘某忠驾驶自卸车自东向西倒车时，司机刘某忠感觉车撞到异物后下车查看，发现摊铺工人毕某春被右后轮碾压腹部致死。

3. 事故原因和性质

(1) 直接原因

① 死者毕某春安全意识不强，自我保护意识较差，缺乏对危险因素的预判，在运输车辆向后倒车时在车辆后方，不知躲避，是导致事故发生的直接原因。

② 司机刘某忠瞭望不足，没及时发现死者毕某春出现在车辆后方，是导致事故发生的直接原因。

③ 施工现场未配备监护人员，车辆倒车时未配备指挥人员是导致事故发生的直接原因。

(2) 间接原因

施工单位违反《安全生产法》相关规定，未建立安全生产责任制，安全管理制度不落实，未针对实际情况制定系统的安全生产规章制度和安全操作规程；对作业人员的培训不到位，未建立安全生产教育和培训档案，对施工现场安全管理不到位，对现场施工作业的危险因素分析不到位，班前安全教育和技术交底不到位，缺乏对员工安全意识的培训。

(3) 事故性质

经事故调查组调查认定,此次事故是一起一般生产安全责任事故。

4. 事故责任认定及处理建议

施工单位安全生产主体职责落实不到位,岗位安全作业标准执行不严,现场危险因素分析不到位,安全教育培训不到位,对事故发生负有责任。建议对公司处 21 万元人民币的罚款处罚。

① 毕某春,摊铺工人。安全意识不强,对危险缺乏预判,在运输车辆向后倒车时,不知躲避,对事故发生负有直接责任,鉴于在事故中死亡,免于追究责任。

② 刘某忠,运输车辆司机。由于瞭望不足,引发事故,对事故发生负有直接责任,建议调离工作岗位。

③ 赵某付,施工单位工程部部长,负责施工现场生产安全。未认真开展岗前教育,对现场危险因素分析不细致、不全面,对事故发生负有责任,建议调离工作岗位。

④ 崔某植,施工单位法定代表人。安全生产主体责任落实不到位,对本单位施工作业时安全生产现场危险因素分析和教育培训等相关规章制度落实情况管理不够严格,对事故发生负有责任,处以上一年度收入的 30%罚款。

(五) 起重吊装事故案例分析

1. 事故概况

2019 年 2 月 25 日 17 时左右,长沙市某道路改造工程 1 标段建设工地在进行吊装作业时,发生一起起重伤害事故,造成 1 人死亡。

2. 事故经过

1 标段在 2 月 25 日晚上进行防撞护栏的安装施工。劳务公司的现场负责人黄某华安排张某国、张某龙对施工路段桥面的钢筋进行清理转运,项目部安排了 1 台随车起重运输车和操作人员赵某明负责配合进行吊装和转运,车头朝北横向停在施工桥面。赵某明先操作支腿操作系统将前方左侧支腿横向伸出打开并将前方两个支腿升起将车身调整至相对平稳状态(由于需要清理转运的钢筋位于车身的左侧,赵某明为了图省事,未将前方右侧支腿伸出,也未将后方支腿升起)。准备工作就绪后,赵某明爬上驾驶室右后方的起重作业操作平台,操作吊臂伸出后转到左侧开始进行吊装作业,17 时左右,车身左侧的钢筋全部吊装到车厢内,张某龙已经离开现场,张某国还在车厢内码放钢筋,赵某明坐在操作平台上开始操作回收吊臂。在操作吊臂转向过程中,由于速度过快,吊臂在绕过驾驶室上方后一直转到车身右前方,在吊臂的转向离心力和自身重力的作用下,车身失去平衡开始向右侧倾倒。

张某国见状顺势从车厢跳出，赵某明从操作平台上跳下后由于躲避不及全身被压倒在驾驶室正下方。

3. 事故原因和性质

（1）直接原因

① 赵某明未按照随车起重运输车的安全操作规程进行吊装前的准备工作，四个支腿未按照要求全部伸出打开。

② 赵某明在操作回收吊臂时，速度过快，吊臂在绕过驾驶室上方后一直转到车身右前方，由于右侧前方支腿未伸出打开，在吊臂的转向离心力和自身重力的作用下导致车身失去平衡倾倒引发事故。

（2）间接原因

① 起重运输设备租赁公司违反《安全生产法》的规定，未建立安全生产责任制，不具备安全生产条件从事生产经营活动；该公司在对外经营活动中，除了租赁设备，还提供设备的操作人员，但公司未针对生产经营实际情况制定系统的安全生产规章制度和安全操作规程；对操作人员的培训考核组织不力，未建立安全生产教育和培训档案，教育培训的针对性不强，外派人员对岗位的安全知识掌握不够，实际操作能力不强；作业现场安全管理不到位，对随车起重运输车操作人员的违规作业行为未及时发现制止。

② 总包单位对1标段项目部的安全管理督促指导不力。该项目部对起重运输设备租赁公司派遣人员的专业能力审核把关不严；没有根据派遣人员的岗位特点因人施教，教育培训的针对性不强；施工现场安全管理不到位，对小件材料吊装作业的安全管理不够重视，未安排专门人员进行现场管理，对随车起重运输车操作人员的违规作业行为未及时发现制止。

（3）事故性质

经调查认定，这是一起一般生产安全责任事故。

4. 事故责任认定及处理建议

（1）对责任单位的责任认定与处理

① 起重运输设备租赁公司不具备安全生产条件从事生产经营活动，对操作人员的培训考核组织不力，对随车起重运输车操作人员的违规作业行为未及时发现制止，是事故的责任单位。建议由市应急管理局依照《安全生产法》相关规定予以处罚。

② 总包单位对起重运输设备租赁公司派遣人员的专业能力审核把关不严，对派遣人员的安全生产培训教育组织不力，对小件材料吊装作业的现场管理不到位，对随车起重运输车操作人员的违规作业行为未及时发现制止，是事故的责任单位。建议由市应急管理局依照《安全生产法》相关规定予以处罚。

（2）对责任人员的责任认定与处理

① 刘某理，总包单位1标段项目部经理。对项目部的安全生产工作督促检查不力，未及时消除施工现场存在的安全隐患，对事故负有领导责任，建议由市应急管理局依照《安全生产法》相关规定予以处罚。

② 娄某东，起重运输设备租赁公司副经理。对派遣人员的安全生产培训教育组织不力，对随车起重运输车操作人员的违规作业行为未及时发现制止，对事故负有责任，建议由所在公司依照内部管理规定予以处理。

③ 杨某泽，总包单位1标段项目部机械部部长。对起重运输设备租赁公司的生产经营条件和派遣人员的专业能力审核把关不严，对事故负有责任，建议由所在公司依照内部管理规定予以处理。

④ 黎某政，总包单位1标段项目部安全员。未正确履行安全生产管理职责，未及时消除随车起重运输车使用中存在的安全隐患，对事故负有责任，建议由所在公司依照内部管理规定予以处理。

⑤ 许某伟，监理公司1标段项目监理部总监。未正确履行监理职责，对现场监理人员的工作督促指导不力，未及时消除施工现场随车起重运输车使用中存在的安全隐患，对事故负有责任，建议由所在公司依照内部管理规定予以处理。

（六）溺水事故案例分析

1. 事故概况

2016年10月12日12时20分，某分支管网敷设及改造工程在顶管施工过程中发生一起淹溺事故，造成3人死亡，直接经济损失约460万元。

2. 事故经过

10月12日上午，王某周到达施工现场后，与戚某良等人查看北侧管道和道路中间的污水井，对北侧管道上方出现轻微渗漏现象不予处理，认为问题不大，戚某良继续在北侧进行顶管工程作业，当进行到道路中间污水检查井下方时，污水检查井井底局部突然破裂，大量污水迅速涌入顶进管道，致使戚某良及在南侧管道内作业的两名施工人员被困，经各级救援力量全力救援，被困人员于13日6时左右先后救出，后送医院经抢救无效后死亡。事故共造成3人死亡。

3. 事故原因和性质

（1）直接原因

顶管挖土至污水检查井附近时，造成上部土层扰动，由于污水井长期渗漏，承载力下降，污水检查井井底局部突然破裂，大量污水迅速涌入顶进管道。

（2）间接原因

① 未认真落实安全生产“三管三必须”的要求，部署和开展市政工程安全隐患排查和治理工作流于形式，施工现场组织不严，建设、施工单位管理混乱。

② 安全生产管理机构不健全，现场管理人员未意识到施工项目作业环境存在的危险因素及安全事故隐患。

③ 施工单位未向施工现场提供施工图纸、施工组织设计、专项施工方案，施工现场无专业技术人员，导致施工现场工人盲目施工。

④ 顶进管道时未采取防坍塌等安全措施，工作坑未设置上下安全通道。

⑤ 施工作业前施工单位未对现场工人进行安全技术交底和安全教育培训，操作人员安全意识淡薄，自我保护意识差。

⑥ 施工单位安全生产主体责任不落实，违规出借资质，非法分包、转包，违法违规组织工程施工。

(3) 事故性质

经调查认定，该起较大淹溺事故是一起生产安全责任事故。

4. 事故责任认定及处理建议

(1) 建议移交司法机关处理人员

① 蔺某强，借用资质承揽分支管网敷设及改造工程，伪造招投标文件，对工程进行分包、发包，对事故发生负主要责任，涉嫌重大责任事故罪。依据《刑法》相关规定，建议移送司法机关追究其刑事责任。

② 王某增，无资质承揽并非法转包管道工程段顶管工程，对事故发生负重要责任，依据《中华人民共和国建筑法》(以下简称《建筑法》)相关规定，建议移交司法机关依法处理。

③ 王某周，无资质承揽管网敷设及改造工程中的顶管工程，不具备安全生产条件组织施工，违章指挥工人冒险作业，对事故发生负重要责任，涉嫌强令、组织他人违章冒险作业罪，依据《刑法》及《建筑法》相关规定，建议移交司法机关依法处理。

(2) 建议给予党纪政纪处分处理人员

① 于某康，中共党员，城投公司董事长、总经理、法定代表人，对所属企业安全生产监管不力。对事故发生负有主要领导责任，依据《安全生产法》相关规定，建议由市应急管理局处其上一年年收入60%的罚款，并给予其党内严重警告处分，按有关规定程序撤销或罢免其职务。

② 王某龙，中共党员，建设单位总经理，作为企业安全生产第一责任人，对企业安全生产疏于管理，对事故发生负有主要领导责任，依据《安全生产违法行为行政处罚办法》相关规定，建议给予其留党察看一年处分。

③ 黄某峰，群众，建设单位现场负责人，对企业外包工程未按规定进行协调管理，对事故发生负有直接责任，依据《生产安全事

故报告和调查处理条例》相关规定，处上一年年收入 60％的罚款，并建议与其解除劳动合同。

(3) 对有关单位处理建议

江苏某建设工程有限公司，出借资质承揽工程，未落实安全生产主体责任，对事故发生负有主要责任，依据《安全生产法》相关规定，建议由市应急管理局对其处人民币 100 万元以上 200 万元以下的罚款。

（七）中毒事故案例分析

1. 事故概况

2021 年 5 月 25 日 8 时 50 分，某道路工程施工人员在进行污水管道改造施工作业时，发生因管道渗漏导致中毒事故，造成 4 人死亡，直接经济损失约 313.9 万元。

2. 事故经过

2021 年 5 月 25 日 7 时许，道路工程劳务分包单位项目负责人周某利到达项目施工现场。7 时 30 分，区资源规划建设部刘某威电话通知污水管网抢修工人龙某应撤掉维修段污水管道两侧的封堵气囊。8 时许，龙某应先后打开了两侧的封堵气囊，8 时 10 分，位于现场的工人先后发现 W83-1 检查井渗水，并流入 W84 工作井，井中施工人员都已撤离。8 时 50 分，胡某利在撤离 W84 工作井后，又返回下井取铁锹时昏倒跌落水中。井上的周某谋和张某均先后下井施救，相继昏倒跌落水中。之后，道路工程施工人员赵某良和王某星也准备下井救人。王某星在井口脱鞋时，赵某良沿爬梯下井救人，昏倒跌落水中。王某星正在沿爬梯下井时被井上人员制止，随后返回井上。

3. 事故原因和性质

(1) 直接原因

施工人员违反有关规定，在未履行审批手续且未通风、未检测、未做好个人防护的情况下，擅自进入事故井内，由于井内存在较高浓度的硫化氢等有毒气体，导致施工人员在下井取工具时发生中毒后坠落污水中溺水身亡，其他人员在未做好安全防护情况下，盲目救人，导致事故伤亡扩大。

(2) 间接原因

① 道路工程施工单位在进行 W83-1 检查井施工时未按照设计图进行施工，未按有关规定对位于西侧的原有污水管道采取专项防护措施，在施工过程中对污水管道产生一定的扰动，不排除造成污水管道发生渗漏的可能。

② 损坏污水管网应急抢修工程施工和验收不规范。施工单位违反有关规定，未按照有关国家标准进行施工；维修段管道验收

时未进行闭水试验，不排除因应急抢修工程质量问题造成污水管道渗漏的可能。

(3) 事故性质

经调查认定，该起事故是一起较大生产安全责任事故。

4. 事故责任认定及处理建议

(1) 建议由公安机关立案调查人员

① 张某冬，道路工程施工单位项目经理，在项目未取得施工许可证的情况下开工建设；对项目部管理流于形式，项目部安全管理制度不健全，未建立有限空间作业相关安全管理制度及操作规程，人员安全培训教育不到位；安全隐患排查治理流于形式，对分包单位以包代管；部分危险性较大分部分项工程未按照相关规定进行施工管理，施工安全日志存在造假现象；在无设计图纸的情况下开始施工 W84 工作井，在未告知设计单位情况下，擅自变更 W83-1 检查井位置及结构形式；在 W83-1 检查井及过路支管施工过程中，未对西侧的原有污水管道采取专项防护措施，对事故的发生负有直接管理责任。建议由公安机关立案调查。

② 仲某任，道路工程总监理工程师，未认真履行项目总监职责，对项目监理部管理不力，项目监理人员履职不到位，对施工现场的监理工作流于形式，对现场违章作业情况失察失管；未按照有限空间作业相关要求制定监理细则并实施；部分危险性较大分部分项工程未按照相关要求实施专项巡视检查、旁站监理，部分顶管作业旁站记录、危大工程巡视检查记录、安全巡查记录存在造假现象，对事故的发生负有直接管理责任。建议由公安机关立案调查。

(2) 有关参建单位责任人员

① 道路工程施工单位。

a. 吴某永，道路工程施工单位法定代表人，公司安全生产第一责任人，未认真贯彻落实国家安全生产法律法规和政策规定，履行安全生产领导责任不力，对项目部的安全生产管理不力，对事故的发生负有重要领导责任。依据《安全生产法》相关规定，建议由市应急管理局对其处上一年年收入 40%的罚款。

b. 曹某相，道路工程施工单位质安部负责人，项目部技术负责人。对项目部的安全生产管理不力，对公司项目部安全管理制度不健全，人员安全教育培训不到位，安全隐患排查治理流于形式，对分包单位以包代管等失管，对事故的发生负有主要管理责任。依据《安全生产违法行为行政处罚办法》相关规定，建议由市应急管理局给予罚款。

c. 刘某冬，道路工程施工单位项目部安全负责人，对项目部安全管理流于形式，项目部安全管理制度不健全，人员安全教育培训不到位，安全隐患排查治理流于形式，对分包单位以包代管，对事故的发生负有直接管理责任。依据《安全生产违法行为行政处罚办法》相关规定，建议由市应急管理局给予罚款。

② 道路工程监理单位。

陈某军，道路工程监理单位法定代表人。未认真贯彻落实国家有关安全生产法律法规、政策，对公司监理工作领导不力，对项目监理部监理工作流于形式、现场监理管控不到位等问题失察失管，对事故的发生负有重要领导责任，依据《安全生产法》相关规定，建议由市应急管理局对其处上一年年收入40%的罚款。

③ 道路工程劳务分包单位。

周某利，道路工程劳务分包单位项目部负责人，对项目部安全管理不力，项目部安全管理混乱，未建立安全生产管理制度、安全操作规程、安全生产责任制；施工人员安全教育培训不到位，缺乏有限空间作业等安全知识培训，违反有限空间作业相关规定进行施工。对事故的发生负有直接管理责任。依据《安全生产违法行为行政处罚办法》相关规定，建议由市应急管理局给予罚款。

④ 损坏污水管网应急抢修工程施工单位。

a. 黄某亮，损坏污水管网应急抢修工程施工单位法定代表人，未认真落实国家有关建设工程质量和安全方面法律法规，对损坏污水管网应急抢修工程施工项目管理不力，对事故的发生负有重要领导责任。依据《安全生产法》相关规定，建议由市应急管理局对其处上一年年收入40%的罚款。

b. 吴某君，损坏污水管网应急抢修工程施工单位工程现场联系人，负责损坏污水管网应急抢修工程施工项目。其公司负责的损坏污水管网应急抢修工程施工方案不符合有关法律法规要求，对劳务单位施工管理不到位；工程验收未按要求进行闭水试验。对事故的发生负有主要管理责任。依据《安全生产违法行为行政处罚办法》相关规定，建议由市应急管理局给予罚款。

c. 陈某军，损坏污水管网应急抢修工程施工方案编制人，编制的损坏污水管网应急抢修工程施工方案不符合有关法律法规要求，对事故的发生负有主要责任。依据《安全生产违法行为行政处罚办法》相关规定，建议由市应急管理局给予罚款。

⑤ 损坏污水管网应急抢修工程劳务分包单位。

刘某恒，损坏污水管网应急抢修工程劳务分包单位施工负责人，在损坏污水管网应急抢修工程施工过程中违反有关规定，未按照国家有关标准进行施工。对事故的发生负有主要责任。依据《安全生产违法行为行政处罚办法》相关规定，建议由市应急管理局给予罚款。

建设工程施工安全管控丛书

市政工程施工
安全管控指南

市政桥梁工程篇

石军胜 / 主编
李　欣　黄先文　谭志斌　巩俊松　王　鹏 / 副主编

中国矿业大学出版社
· 徐州 ·

市政桥梁工程篇

主要起草人：王欣、徐小明、张志敏、王天野、蒋新建、李杰、杨少武、林鹏、宋威、亢晨阳、张德磊、刘波、魏宝柱、谷卫峰、李舒萍、杜佳宝、李文深、肖林、王焕香

主要审核人：黄先文、何青义、张林、杨帆、田慧、王岩、王志军、王勇、张青

目　录

市政桥梁工程篇

为加强市政桥梁工程施工过程安全管控，进一步规范桥梁施工的主要工序，特编写本篇内容，旨在为项目管理人员提供市政桥梁工程风险识别及应对措施参考，促进市政桥梁施工安全管理再上一个新台阶，实现市政桥梁安全生产标准化。

一、市政桥梁工程概述

（一）市政桥梁简介

桥梁，一般指架设在江河湖海上，使车辆、行人等能顺利通行的构筑物。为适应现代高速发展的交通行业，桥梁亦引申为跨越山涧、不良地质或满足其他交通需要而架设的使通行更加便捷的建筑物。

桥梁一般由上部结构、下部结构、支座和附属构造物组成，上部结构又称桥跨结构，是跨越障碍的主要结构；下部结构包括桥台、桥墩和基础；支座为桥跨结构与桥墩或桥台的支承处所设置的传力装置；附属构造物则指桥头搭板、锥形护坡、护岸、导流工程等。

位于城市范围内的桥梁属于市政桥梁，而非城市范围内的桥梁属于公路桥梁，其结构本身并无差异，主要区别仅是管理部门不同及引用的规范不同。

（二）市政桥梁分类

1. 不同结构体系分类

序号	桥梁分类	图例
1	梁式桥：包括简支板梁桥、悬臂梁桥和连续梁桥。其中简支板梁桥跨越能力最小，一般一跨在 8～20 m	

续表

序号	桥梁分类	图例
2	拱桥:在竖向荷载作用下,两端支承处产生竖向反力和水平推力,正是水平推力大大减小了跨中弯矩,使其跨越能力增大	
3	刚架桥:有T形刚架桥和连续刚构桥。T形刚架桥主要缺点是桥面伸缩缝较多,不利于高速行车。连续刚构桥的主梁连续无缝,行车平顺,施工时无体系转换	

续表

序号	桥梁分类	图例
4	吊桥：是将道路或铁路桥面靠钢缆吊在半空，钢缆牢牢地悬挂在桥塔之间，是建造跨度非常大的桥梁最好的设计方式	
5	斜拉桥：是将主梁用许多拉索直接拉在桥塔上的一种桥梁，是由承压的塔、受拉的索和承弯的梁体组合起来的一种结构体系	

2. 桥梁跨径分类

序号	桥梁分类	特点
1	特大桥	$L>1\ 000$ m；$L_K>150$ m
2	大 桥	100 m$\leqslant L\leqslant 1\ 000$ m；40 m$\leqslant L_K\leqslant 150$ m
3	中 桥	30 m$<L<100$ m；20 m$\leqslant L_K<40$ m
4	小 桥	8 m$\leqslant L\leqslant 30$ m；5 m$\leqslant L_K<20$ m

注：L 指多孔跨径总长，m；L_K 指单孔跨径，m。

二、常见风险及管控措施

（一）交通导行施工

序号	风险点	风险分析	管控措施	相关图例
1	围挡变形或损坏	（1）围挡材料不符合要求。 （2）围挡斜撑、立杆等未按方案进行施工。 （3）恶劣天气应对措施不到位。 （4）主要路口未设置透视围挡。 （5）围挡端部未粘贴反光警示条，未安装夜间警示灯。 （6）围挡安全巡查维护不到位	（1）编制围挡专项施工方案，并进行审批及交底。 （2）围挡材料进场项目部应进行验收，验收合格后方可安装。 （3）围挡应按照方案施工，对斜撑、立杆等主要部位进行检查，验收合格后方可使用。 （4）遇恶劣天气时对围挡采取有效的加固措施。 （5）主要路口应设置透视围挡，保证视野通透。 （6）围挡应设置反光警示条或安装夜间警示灯，并不定期进行巡查。 （7）派专人对围挡进行日常巡查，发现问题及时修复	 非路口段围挡  路口透视围挡

续表

序号	风险点	风险分析	管控措施	相关图例
2	交通拥堵	(1) 交通导行标志牌不清晰,关键部位未设置安全防护栏杆。 (2) 保通路宽度、路况不满足导行要求。 (3) 上下班高峰期未设置交通协管员	(1) 编制交通导行方案,通过当地交通管理部门审批,并提前一周公示。 (2) 保通路应按方案施工,并设置相应导向、警示、限速等标志牌,夜间警示灯,安全防护栏杆等隔离设施。 (3) 上下班高峰期应在主要路口设置交通协管员	 交通协管
3	未设置标志牌、警示灯或设置不规范	(1) 未按照交通导行方案设置警示标志及警示灯。 (2) 未对夜间警示灯进行定期的维护检查,导致信号灯失去作用	(1) 按照交通导行方案设置警示标志及警示灯,保证施工车辆及社会车辆安全通行。 (2) 对夜间警示灯进行定期的维护检查,保证夜间警示灯正常使用	 交通警示标志

（二）临时用电工程施工

序号	风险点	风险分析	管控措施	相关图例
1	生活区域临时用电引发的火灾、触电风险	(1) 生活区配电线路不规范，室内存在私拉乱接。 (2) 室内使用大功率电器如热得快、小太阳、电炒锅等违规用电设备。 (3) 工人上班后各类设备不断电，存在安全隐患。 (4) 工人宿舍内照明未采用安全电压。 (5) 用逆变器等非法获得 220 V 电源，造成低压线路过载。 (6) 生活区开水炉未设置独立开关箱。 (7) 洗澡间电热水器、浴霸等易发触电事故	(1) 进场前应编制现场临时用电施工方案，并制定用电管理制度。 (2) 统一布线，电源插座远离易燃物体。 (3) 通过智能限电模块，限制非法用电设备使用。 (4) 通过时钟控制器根据工人上下班时间控制供电时间，防止火灾事故的发生。 (5) 照明采用 36 V 安全电压，保证用电的安全。 (6) 设置更加人性化，智能限电，能够保证手机、电脑、电风扇等合法用电设备的正常用电。 (7) 开水供应设施应按用电规范设置开关箱及接地保护。 (8) 建议采用空气能热水器	 生活区配电箱 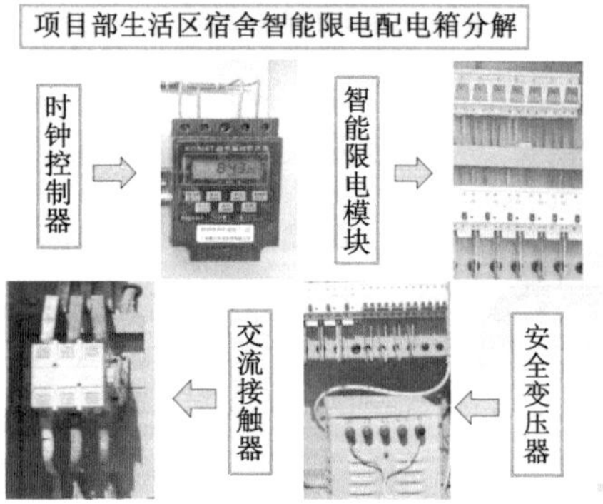 生活区智能限电配电箱分解

续表

序号	风险点	风险分析	管控措施	相关图例
2	施工区域临时用电引发的火灾、触电风险	(1) 施工现场未配备专职电工，日常巡检缺失。 (2) 一、二级配电箱未按要求设置防护棚或防护棚不具备通风、防雨、防碰撞功能。 (3) 分配电箱与开关箱间距超过 30 m、开关箱与其所控设备直线距离超过 3 m。 (4) 塔吊等吊装设备与架空外电线路未保持安全距离。 (5) 配电箱、用电设备未做接零、接地保护。 (6) 交流焊机开关箱内未设置二次侧降压保护装置。 (7) 电缆电线保护措施不当。 (8) 二级配电箱存在直连用电设备、私拉乱接情况。 (9) 潮湿环境照明未使用安全电压。 (10) 钢结构箱梁现场焊接电焊机二次线长度超过 30 m	(1) 健全并执行安全临时用电管理制度。 (2) 配电箱防护棚应具备防雨、防高空坠物、防碰撞、防违章用电、通风等功能。 (3) 分配电箱与开关箱间距不超过 30 m、开关箱与其所控设备直线距离不超过 3 m。 (4) 施工现场临时用电三项基本原则：采用 TN-S 接零保护系统、采用三级配电系统、采用二级漏电保护系统。 (5) 在建工程不得在外电架空线路正下方施工、搭设作业棚、建造生活设施或堆放构件、架具、材料及其他杂物等。应按规定保持安全距离。 (6) 在 TN 接零保护系统中，电气设备不带电的外露可导电部分应做接零保护。 (7) 交流电焊机配备防二次侧触电保护器。 (8) 临时用电合理规划和布局，做到“一机一闸一漏一箱”，规范接线和架设。电缆不得浸泡于水、泥浆中。 (9) 一般情况下可使用 36 V 电压，在特别潮湿条件下应使用 12 V 或 6 V 安全电压。 (10) 电焊机的二次线应采用防水橡皮护套铜芯软电缆，电缆长度不宜大于 30 m。当需要加长电缆时，应相应增加截面	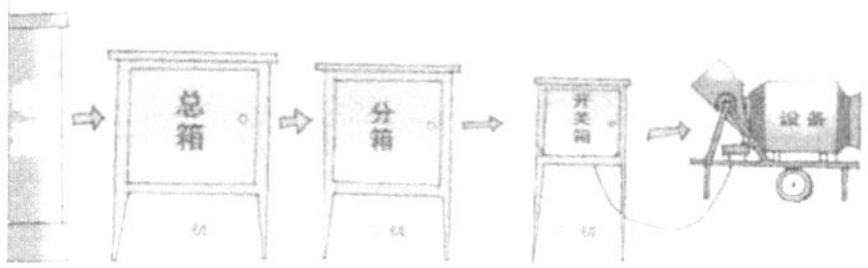 三级配电系统

（三）桩基施工

桩基施工流程示意图如下。

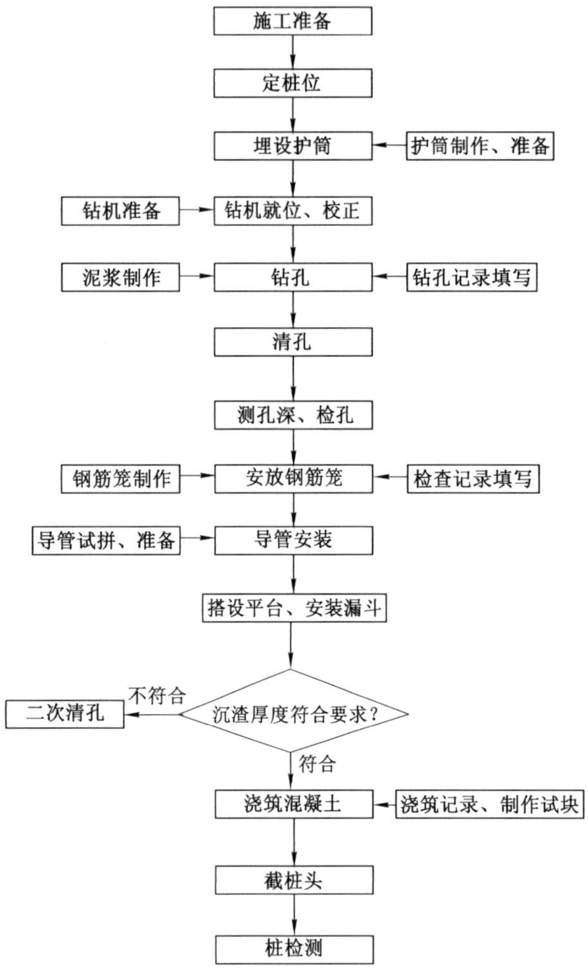

1. 灌注桩施工

(1) 陆地灌注桩施工

序号	风险点	风险分析	管控措施	相关图例
1	起重机易发起重伤害风险	(1) 吊索具如钢丝绳、卡环不符合要求。 (2) 起重机吊钩上无防脱落装置。 (3) 散装物件未采用专用的吊笼。 (4) 未设置警戒区域。 (5) 未设置专职司索工。 (6) 钢筋笼吊点设置不合理或焊接不牢固	(1) 吊索具经过计算,严格按规范和方案选用,作业前检查合格后方可使用。 (2) 作业前对机械和吊索具进行检查,吊钩应有防脱钩装置。 (3) 散装物件应使用专用吊笼进行吊装。 (4) 设置警戒区域,夜间加设警示灯。 (5) 起重设备应配备专职司索工。 (6) 钢筋笼起吊前,对吊挂系统、吊索具、吊点焊接的质量进行检查。 (7) 严格执行“十不吊”规定	 吊装警戒区域  防脱钩装置

续表

序号	风险点	风险分析	管控措施	相关图例
2	桩基、起重机的机械倾覆风险	(1) 桩机、起重机的作业面地基不平或承载力不够。 (2) 机械行走路线内,道路不满足移动要求。 (3) 恶劣天气条件下作业。 (4) 起重机作业前支腿伸出不到位,起重机未调平。 (5) 吊装作业无专项施工方案,吊装过程中超工况、超载等违规作业	(1) 作业前应编制专项施工方案,审批通过后进行交底。 (2) 机械进场及时验收、报验。 (3) 作业面地基应平整、坚实,满足桩机正常工作要求,若承载力不够,应进行处理或采取相应措施。 (4) 机械行走路线应满足机械移动要求。 (5) 恶劣天气下应停止作业,将桩机顺风向停置,并及时采取固定措施,复工前应进行安全检查。 (6) 起重机作业前支腿伸出到位,起重机必须调平,作业前进行检查。 (7) 吊装过程中,严禁超工况进行作业,严格执行"十不吊"规定	 作业面地基应平整、坚实  设置缆风绳

续表

序号	风险点	风险分析	管控措施	相关图例
3	桩孔防护措施不到位	（1）方案及操作规程交底未落实到位。 （2）桩孔未设置洞口防护栏杆及警示灯	（1）对所有作业人员进行安全技术交底。 （2）桩孔应加盖防护，四周设护栏及明显的警示标志，夜间应悬挂警示灯。 （3）桩完成后应及时回填	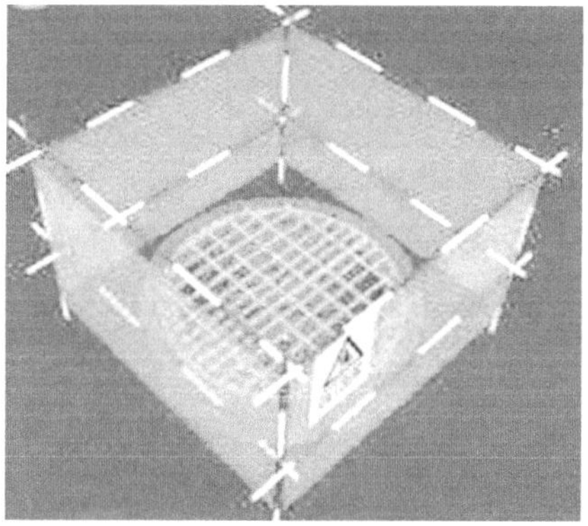 桩孔防护
4	桩孔坍塌	（1）无施工方案或施工方案未经审批。 （2）清孔后长时间放置才进行混凝土灌注。 （3）泥浆比重控制有误	（1）桩基工程施工前编制施工方案，经审批后方可施工。 （2）清孔后及时进行混凝土灌注。 （3）钻进过程中严格控制泥浆比重，按规范要求施工	 测泥浆比重

（2）水上灌注桩施工

序号	风险点	风险分析	管控措施	相关图例
1	机械伤害	（1）设备选用与方案不符。 （2）设备存在安全隐患，如浮吊、打桩船限位器不灵敏、卷扬机滚筒无保险装置、吊钩无保险装置等。 （3）多船协同作业时无防碰撞措施。 （4）浮吊作业未设置浮标警戒区。 （5）未取得港航管理部门许可。 （6）河道深度不满足施工船舶作业要求	（1）应编制水上作业方案，审批通过后进行安全技术交底。 （2）设备进场应进行验收及报验。 （3）作业船只各类安全装置应齐全、有效。 （4）多船协同作业时应有防碰撞措施和应急预案。 （5）浮吊作业应设置警戒区，并有明显警戒装置。 （6）应取得管理部门许可后方可实施。 （7）应严格按方案要求对河道进行扫测，不满足要求时应对河道疏浚	 设置浮标警戒区
2	船舶倾覆	（1）作业时遇见恶劣天气。 （2）水上工况条件超过施工船舶作业性能。 （3）船上荷载不均衡。 （4）船舶系缆不牢固	（1）遇有恶劣天气时，应停止作业。 （2）水上工况条件超过施工船舶作业性能时停止作业。 （3）装载时应保证船上荷载均衡。 （4）水上施工船舶在指定地点抛锚定位，船舶系缆必须牢固，应有专人进行检查	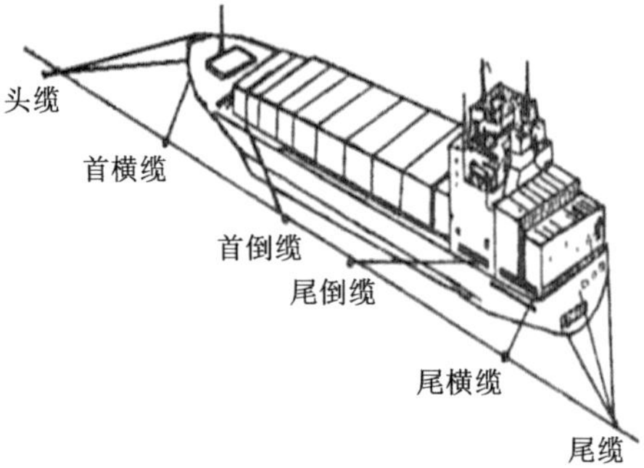 船舶系缆

续表

序号	风险点	风险分析	管控措施	相关图例
3	栈桥、作业平台失稳	(1) 未按专项施工方案施工。 (2) 栈桥、作业平台通行区域面板未满铺，并未与下部结构连接牢固。 (3) 栈桥、作业平台使用中上部机械、车辆荷载超设计值或站位不合理。 (4) 未设置警示区导致外来船舶碰撞水上栈桥、平台	(1) 编制专项施工方案，审核通过后进行交底，验收合格后方可使用。 (2) 栈桥、作业平台上，车辆和人员行走区域面板应满铺，并与下部结构连接牢固。 (3) 限定栈桥、作业平台上部允许荷载，设置限重牌，严格控制车辆载重，并设置安全行驶区域。 (4) 水上施工区域配备警戒船、爆闪灯、灯带等警示装置，并委托专业单位建设水上防撞预警系统，提醒过往船舶谨慎驾驶	 栈桥  作业平台

2. 预制桩施工

序号	风险点	风险分析	管控措施	相关图例
1	车辆伤害	(1) 预制桩运输工具选择不当或未采取抗滑移措施，造成桩基滑落。 (2) 桩身放置不平稳、堆放层数过高、绑扎不牢固导致预制桩滑落。 (3) 车速过快导致交通事故	(1) 预制桩运输宜采用平板车或驳船，装卸及运输时应采取防止桩滑移与损伤的措施，避免多次倒运。 (2) 运输时应做到桩身平稳放置，装载均衡，捆扎牢固，运输过程中押运员全程跟车检查，不建议不同规格的预制桩混合装运。 (3) 行驶中不得急刹车，不准超车，两车保持安全车距，中途停车应选择安全地点，停车或未卸完货物时，司机及押运员不准离车。 (4) 运输路线应事先报交通管理部门审核	 预制桩捆扎运输
2	预制桩堆放失稳	(1) 堆放场地不平整或地基承载力不够，导致地基不均匀沉降，预制桩滑落。 (2) 堆放层数过高导致预制桩滑落。 (3) 未放置垫木，垫木放置少或垫木质量差导致预制桩滑落	(1) 堆放场地应平整、坚实，排水条件良好。 (2) 应按不同规格、长度及施工流水顺序分类堆放，当场地条件允许时，宜单层堆放。当叠层堆放时，外径 500～600 mm 的桩不宜超过 4 层，外径 300～400 mm 的桩不宜超过 5 层。 (3) 堆放时应采取支垫措施，支垫材料宜选用长方木或枕木，不得使用有棱角的金属构件，叠层堆放桩时，应在垂直于桩长度方向的地面上设置 2 道垫木，垫木应分别位于距桩端 1/5 桩长处；底层最外缘的桩应在垫木处用木楔塞紧	 预制桩堆放

续表

序号	风险点	风险分析	管控措施	相关图例
3	起重伤害	(1) 钢丝绳断裂、脱钩，导致桩体脱落。 (2) 偏心吊桩或强行拉桩。 (3) 起吊作业期间，机械司机视野盲区内有人员移动。 (4) 因地质原因或设备额定起重量不足导致机械倾倒	(1) 预制桩在吊装过程中严禁碰撞、滚落。吊卸所用索具，要合理配置并经常检查。 (2) 预制桩的吊运应满足设计吊点、堆点要求。当桩叠层堆放超过 2 层时，应采用起重机取桩，严禁拖拉移桩。 (3) 吊装调位应符合相关要求，机械起吊时应设置警戒区并派专人四周监控直至移位结束，无关人员禁止在起吊范围内走动。 (4) 查验拟建场地的岩土工程勘察报告及主要施工设备的技术性能	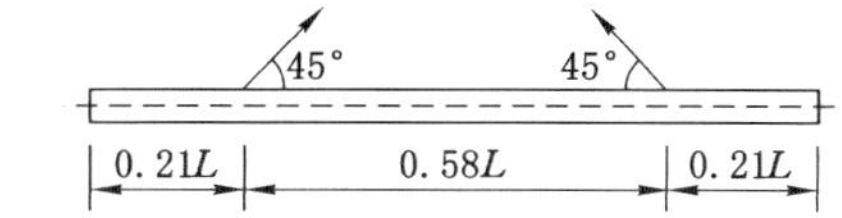 L(长度)不大于 15 m 的预制桩起吊点位置示意图 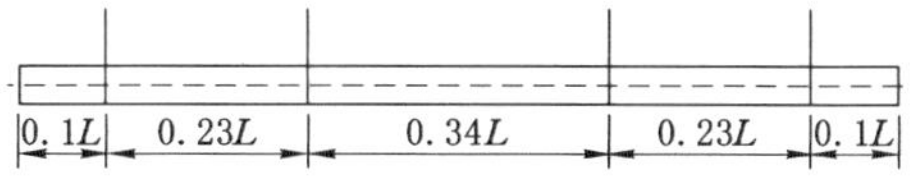 L(长度)大于 15 m 且小于 30 m 的预制桩起吊点位置示意图
4	机械伤害	(1) 操作工人不熟悉安装、操作流程。 (2) 各部机件存在老化或损坏严重情况。 (3) 未佩戴相应劳动防护用品。	(1) 工作前，班机长应进行安全技术交底。作业前，工长要向班组进行全面交底，并有交底手续。 (2) 装拆前应详细检查各部件是否安全可靠。安拆机架时，底盘应放在平坦坚实的地面上，重大部件应运到距机身 2 m 范围内，避免斜拉。 (3) 正确使用个人劳动防护用品，规范采取安全防护措施，进入施工现场，必须戴安全帽，严禁穿拖鞋。	 吊装作业半径严禁站人

续表

序号	风险点	风险分析	管控措施	相关图例
4	机械伤害	(4) 作业区域人员随意穿行或操作人员酗酒、特殊天气作业。 (5) 作业完机械设备操作挡处于工作状态或未复原。 (6) 非电工人员私自接电或打桩作业时进行维修保养	(4) 起吊桩构件,不得碰撞,吊物下不得有人穿行。发现异常应立即停机,遇有恶劣气候,按规定停止作业。 (5) 压桩时非作业人员应离机 10 m 以外。起重机作业时,起重臂下严禁站人。作业完毕应将桩机机身行至长船步履中间位置,停放在平整地面上,其余液压油缸应全部卸压。打桩作业停止时,应立即切断电源,桩机停放在合适的位置。 (6) 桩作业时不得进行维修保养,所有电器非电工人员不得乱动,以防触电	 桩机维修保养

3. 高压线下桩机施工

序号	风险点	风险分析	管控措施	相关图例
1	高压线下施工	(1) 未编制专项施工方案。 (2) 施工期间未安排专人指挥看管。 (3) 施工设备高度超限。 (4) 吊装用钢丝绳断裂、反弹,引起触电事故	(1) 编制专项施工方案,审批通过后进行交底,现场严格按照方案实施。 (2) 施工期间安排专职人员指挥看管。 (3) 严格执行施工设备进场验收制度,对设备高度进行控制,使其满足安全距离要求。 (4) 对钢丝绳进行受力计算,并不定期检查外观情况,不合格及时更换	 专人指挥并设置防护设施

（四）承台施工

承台施工流程示意图如下。

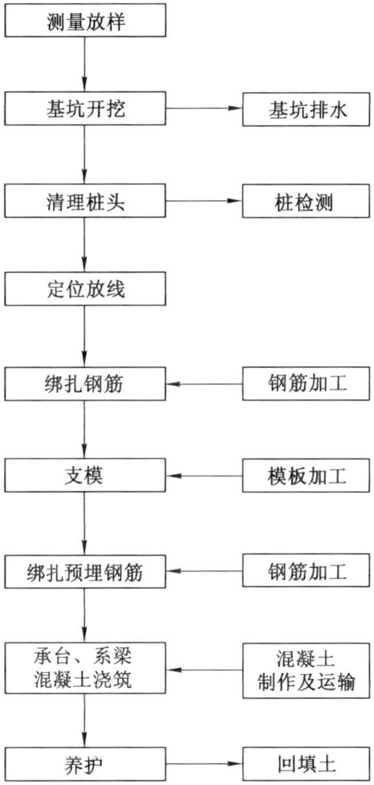

1. 承台基坑施工

序号	风险点	风险分析	管控措施	相关图例
1	临边跌落	(1) 未设置安全防护或防护不到位。 (2) 人员上下通道缺乏或设置不合理。 (3) 安全防护栏杆不符合要求	(1) 基坑深度达到 2 m 时,对坑边作业已构成危险,按照高处作业和临边作业的规定,应搭设临边防护设施,防护设施搭设满足规范要求。 (2) 必须设置作业人员专用通道,基坑施工时,作业人员必须要从专用通道通过,以确保安全。 (3) 安全防护栏杆搭设完毕后,应履行验收手续,验收合格后,悬挂验收合格牌	 基坑临边防护  基坑专用通道

续表

序号	风险点	风险分析	管控措施	相关图例
2	基坑坍塌	(1) 未按方案施工。 (2) 暴雨侵害。 (3) 坡顶超载。 (4) 支护不及时。 (5) 换撑条件不满足要求。 (6) 基坑监测不到位	(1) 编制专项施工方案,必要时需经专家论证,审批完成后交底,现场严格按照方案实施。 (2) 坑顶设置挡水坝或排水沟,坑底设置排水沟。 (3) 基坑边坡 1 m 范围内严禁堆放杂物,规定范围内严禁超载堆放。 (4) 基坑开挖时做到随挖随撑,先撑后挖。 (5) 满足换撑要求后,方可进行换撑施工。 (6) 第三方监测的同时,项目部在土方开挖过程中应加强施工观测,主要针对支护体系的变形情况、基坑外地面的沉降量或坑底隆起变形情况,以及邻近建筑物的动态等,确保基坑稳定	 基坑周边严禁堆物

2. 承台围堰施工

(1) 土围堰施工

序号	风险点	风险分析	管控措施	相关图例
1	堰体坍塌风险	(1) 施工前未对施工人员进行技术交底。 (2) 堰体填筑材料不符合要求。 (3) 围堰河床底清理不彻底。 (4) 迎水面未按要求进行防渗处理,未设置防冲刷设施。 (5) 监测不到位	(1) 施工前编制专项施工方案附安全验算结果,并按要求对施工作业人员进行交底。 (2) 施工前应对堰体填筑材料进行验收,合格后方可填筑。 (3) 填筑前应将河床底的杂物、石块、淤泥等清除干净。 (4) 迎水面应采用土工膜加盖黏土进行防渗,土工膜应延伸到坡脚以外,确保堰体与坡底形成整体防渗体系。 (5) 应在堰体外坡面设置防冲刷设施。 (6) 施工过程中应加强监测,密切关注堰体的变形情况,当变形超标时及时进行加固处理	 土围堰

（2）钢板桩围堰施工

序号	风险点	风险分析	管控措施	相关图例
1	人员溺水	（1）施工前未对进场施工人员进行安全技术交底。 （2）进入水上施工作业区域的施工作业人员未按要求穿戴劳动防护用品。 （3）水上作业区域周边防护栏杆设置不到位。 （4）单人作业。 （5）过往船舶撞击导致人员落水	（1）水上施工前首先对进场施工作业人员进行安全技术交底，告知现场危险源及安全要求和主要事项。 （2）水上施工作业人员必须按照要求穿戴好劳动防护用品，如安全帽、救生衣，高处作业系好安全带。 （3）水上施工作业区域周边设置防护栏杆，并配置救生圈等水上救生设施。 （4）施工作业必须两人以上，禁止单人施工作业。 （5）水上施工区域部位及周边设置安全警示牌、警示灯等，防止过往船舶行驶不慎撞击围堰堰体	 穿戴劳动防护用品
2	高处坠落	（1）未进行有针对性的分部分项安全技术交底。 （2）违规操作。 （3）未正确穿戴劳动防护用品。 （4）作业平台未按要求设置防护护栏。 （5）未设置上下专用爬梯	（1）作业前按要求逐级进行有针对性的分部分项安全技术交底和相关教育。 （2）作业人员严格遵守安全生产操作规程。 （3）作业人员应正确穿戴和使用合格有效的劳动防护用品。 （4）作业平台应有符合标准的防护栏杆。 （5）按要求设置人员上下专用爬梯。 （6）施工过程中设专职人员进行监控管理	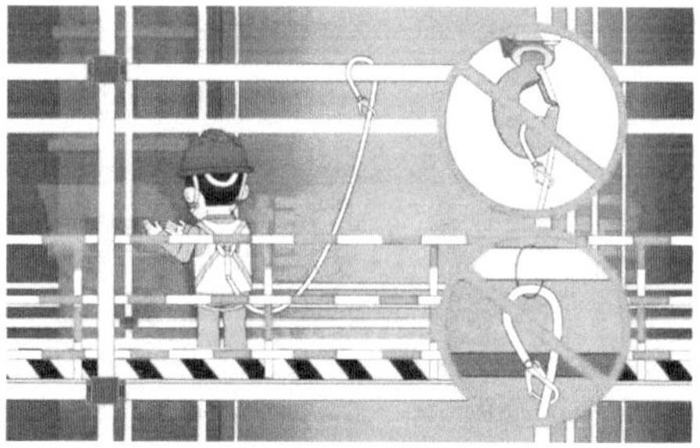 正确佩带安全带

续表

序号	风险点	风险分析	管控措施	相关图例
3	外来船舶撞击	(1) 未提前发布公告。 (2) 未按要求设置警戒区、警示标志和防撞设施	(1) 施工作业前,应提前和当地水务(海事)部门联系,取得水上水下施工作业许可证,并根据相关部门要求提前进行公示。 (2) 水上施工作业平台按要求设置警示标牌、安全标志牌和防护栏、夜间警示照明灯,临近水面设置浮标警戒区,并经常检查,发现损坏时及时更换。 (3) 在钢板桩围堰外围靠近航道侧设置防撞设施,防止船舶撞击围堰造成安全事故	 浮标警戒区
4	围堰垮塌	(1) 未按方案进行围堰内支撑加固施工。 (2) 监测不到位。 (3) 围堰内坑底涌水、涌砂。 (4) 外力撞击。 (5) 未按要求设置警示标志和防锤设施	(1) 钢板桩围堰内支撑应按设计进行施工,焊缝一定要牢固,断面尺寸和数量符合设计要求。 (2) 钢板桩围堰抽水时,派人定时观测,记录钢围堰的变化情况,发现支撑有松动、变形时,应及时进行加固,危及作业人员安全时应立即组织撤离。 (3) 当遇到涌水、涌砂影响基坑稳定时应立即进行加固处理。 (4) 钢围堰内进行挖土、吊运、浇筑混凝土等施工作业时,严禁碰撞支撑和堰体,不得在支撑上放置重物。 (5) 按要求设置警示标牌、安全标志牌和防护栏、夜间警示照明灯,并经常检查,发现损坏时及时更换,并在围堰外围靠近航道侧设置防撞设施,防止船舶撞击围堰造成安全事故	 钢板桩围堰

(3) 套箱围堰施工

序号	风险点	风险分析	管控措施	相关图例
1	机械伤害风险	(1) 吊装作业人员未持证上岗,无专职司索工。 (2) 起重吊装设备未按方案配备,有缺陷	(1) 起重驾驶人员、吊装指挥及司索工必须持证上岗,严禁无证上岗作业,严格执行起重“十不吊”规定。 (2) 起重吊装前检查钢丝绳有无断丝、卡头等缺陷,吊装过程应速度均匀、平稳。 (3) 钢套箱下沉前应对每根吊杆进行检查,下放时启用备用吊杆作为保险,同时现场存放备用吊杆	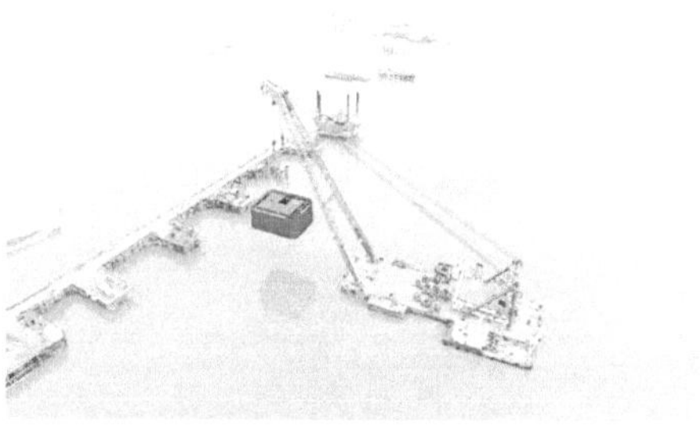 套箱围堰吊装
2	钢套箱倾斜、变形	(1) 未同步下沉。 (2) 围堰渗漏。 (3) 内支撑未按要求设置。 (4) 监测不到位	(1) 围堰下沉过程中设专人指挥,统一下放,并根据下沉情况随时用千斤顶调整。 (2) 抽水过程中发现渗漏,应及时处理加固。 (3) 严格按照方案设置内支撑。 (4) 施工过程加强监测,密切关注围堰变形情况,若变形超过允许范围,必须立即加密支撑	 内支撑加密

（4）临时栈桥

序号	风险点	风险分析	管控措施	相关图例
1	临时栈桥失稳	（1）承载力不足。 （2）运输车辆超载。 （3）通航河道船舶撞击	（1）钢桥安装应编制专项施工方案，应附临时支架、支承、起重机等临时结构和钢桥结构本身在不同受力状态下的强度、刚度及稳定性验算结果。 （2）钢桥安装严格按照方案进行，施工完毕后进行验收，验收合格后方可使用。 （3）桥头悬挂限高、限宽、减速标志和设施，并严禁运输车辆超载。 （4）跨通航水域时，应根据水域通行情况设置防撞设施，并在上下游设置信号灯。 （5）遇雨、雾、霾等能见度不良天气时，工程船舶和施工区域应显示规定的信号，必要时应停止航行或作业	 临时栈桥

（五）墩柱施工

墩柱施工流程示意图如下。

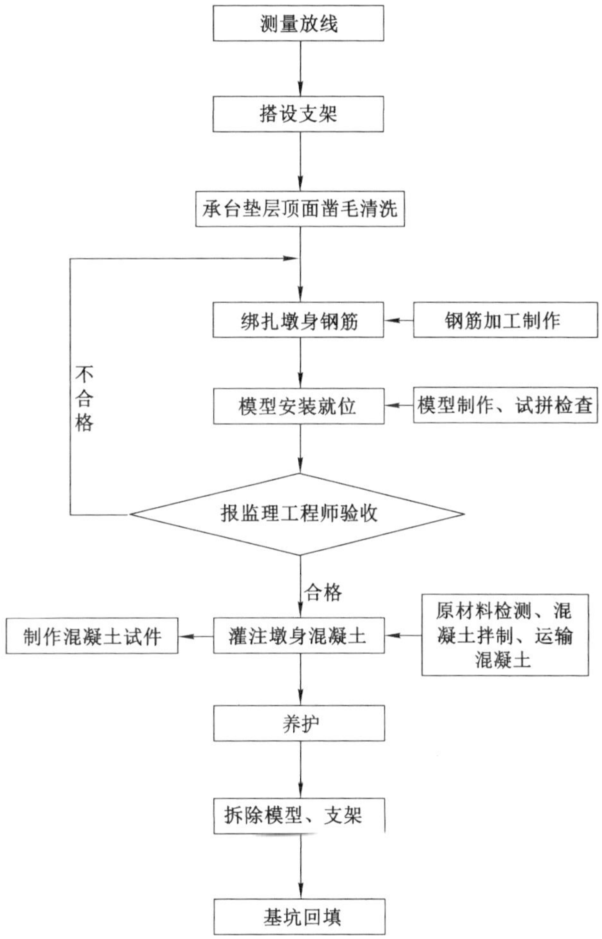

序号	风险点	风险分析	管控措施	相关图例
1	支架失稳	(1) 地基承载力不符合要求。 (2) 支架材料不符合要求。 (3) 搭设间距不符合要求。 (4) 混凝土浇筑速度过快、浇筑顺序不符合要求。 (5) 支架未采取防车辆碰撞措施	(1) 编制专项施工方案,必要时需经专家论证,审批完成后交底,严格按照方案实施,支架验收后方可使用。 (2) 地基承载力不足时需对地基采取加固措施。 (3) 搭设间距应严格按照方案实施。 (4) 控制混凝土浇筑速度并对称浇筑。 (5) 支架边应设置防车辆碰撞措施,如架设警示标志、夜间指示灯等	 支架设置夜间反光贴
2	高处坠落	(1) 高墩施工人员专用通道不符合强制性要求。 (2) 作业人员通过攀爬脚手架或建筑物上下。 (3) 施工现场未设置避雷装置。 (4) 墩顶未用防护栏杆挂安全网围护,未进行全封闭施工。 (5) 高墩翻模、爬模随升安全护栏搭设不规范,未配置消防器材	(1) 高墩施工前,必须设置安全爬梯。墩身高度不超过 5 m 的,须设置带梯笼的直爬梯或“之”字形爬梯。墩身高度在 5～40 m 时,必须设置标准梯笼。 (2) 作业人员严禁通过攀爬脚手架上下,必须使用专用安全通道。 (3) 施工现场应设置避雷装置。 (4) 墩顶应采用防护栏杆挂安全网围护,进行全封闭施工。 (5) 高墩翻模、爬模随升安全护栏应采用定制钢高度不小于 1.5 m 的钢护栏,并配置消防器材	 安全护栏及通道

（六）盖梁施工

盖梁施工流程示意图如下。

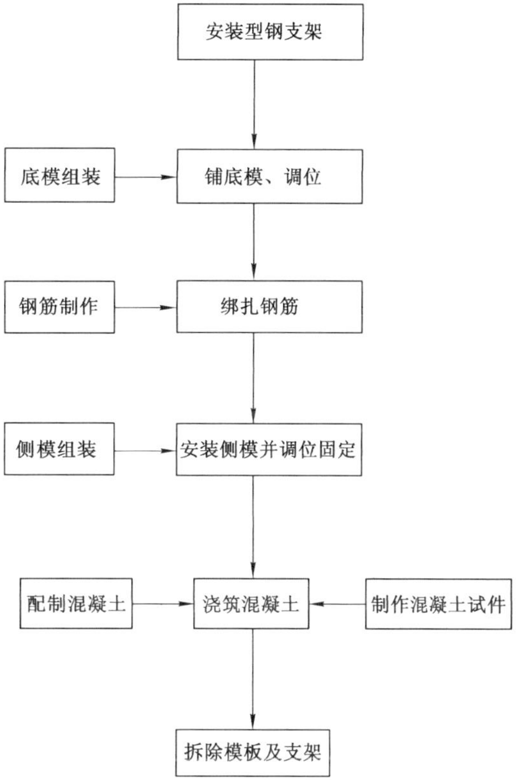

序号	风险点	风险分析	管控措施	相关图例
1	高空坠落	盖梁作业平台四周未设置防护栏杆或设置不符合要求	盖梁作业平台四周应设置防护栏杆，防护栏杆应由上中下三道横杆组成，上杆离平台面1.5 m，每道横杆间距0.5 m，立杆间距不应超过2 m。防护栏杆应能承受1 000 N的可变荷载	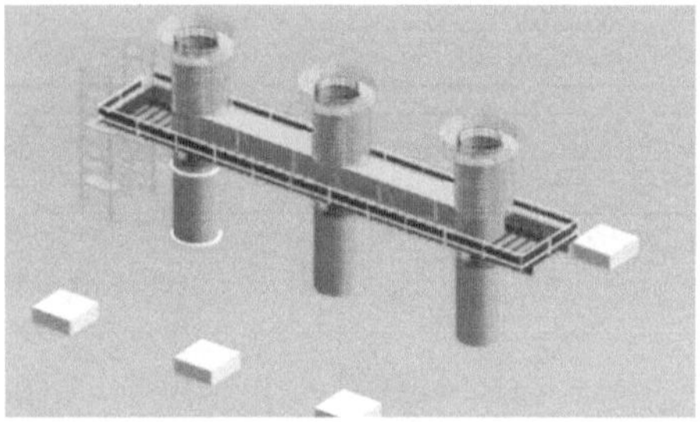 作业平台
2	操作架失稳	(1) 立杆底部未设置垫板和底座，未设置纵、横向扫地杆。 (2) 纵向扫地杆设置不符合要求。 (3) 脚手架未按规范要求设剪刀撑与横向斜撑	(1) 立杆不埋设时，每根杆底部应设置垫板和底座，并设置纵、横向扫地杆。 (2) 纵向扫地杆应采用直角扣件，固定在距底座上面小于或等于200 mm处的立杆上。 (3) 扣件式双排脚手架应设剪刀撑和横向斜撑，单排脚手架应设剪刀撑。高度在24 m以下的单、双排脚手架，均必须在外侧立面的两端各设置一道剪刀撑，并应由底至顶连续设置，中间每道剪刀撑的净距不应大于15 m。高度在24 m以上的双排脚手架应在外侧立面整个长度和高度上连续设置剪刀撑。 (4) 应优先使用盘扣式脚手架	 脚手架支撑体系

（七）箱梁施工

1. 现浇箱梁施工

现浇箱梁施工流程示意图如下。

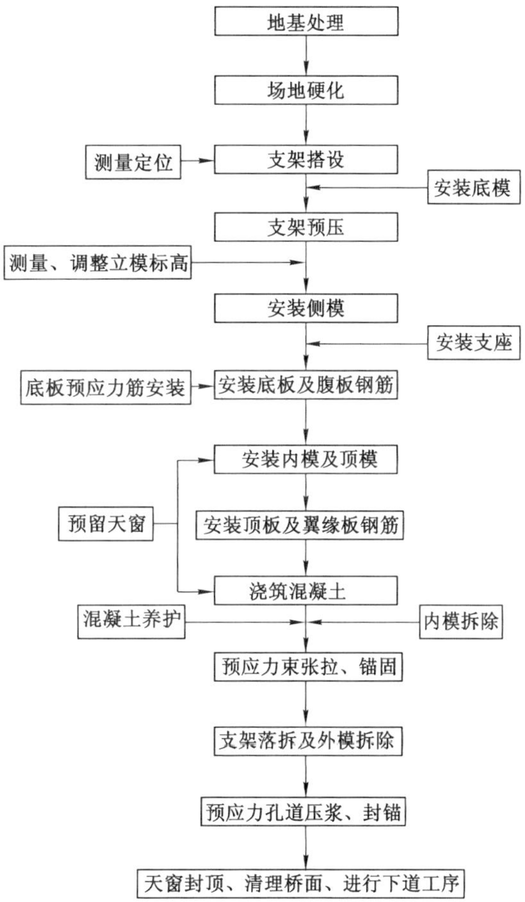

序号	风险点	风险分析	管控措施	相关图例
1	模板支架失稳	(1) 支架材料规格、立杆间距未按方案实施。 (2) 地基处理未满足方案要求。 (3) 支架搭设完成后未进行验收，未按要求进行逐跨预压	(1) 编制专项施工方案，必要时需经专家论证，审批完成后交底，现场严格按照方案实施。 (2) 支架搭设前应按规范要求对地基进行压实、硬化处理，周边设置排水措施。 (3) 在支架搭设前应进行地基预压，支架搭设完毕后应进行支架预压，预压合格后方可使用。 (4) 支架搭设完成后应进行验收，按要求进行逐跨预压，加载的顺序和重量应符合施工方案要求	 钢管柱＋贝雷片支撑体系

续表

序号	风险点	风险分析	管控措施	相关图例
2	电焊作业	(1) 电焊机未设专门的放置地点，随意摆放。 (2) 焊接作业未设置接火斗，下方未进行相应范围的封闭警戒，未安排人员值守。 (3) 下方未设置安全通道、警示标语及提示牌，未安排监护人员。 (4) 施焊场地周围未清除易燃易爆物品，或未进行覆盖、隔离，未在施焊部位配备灭火器材。 (5) 焊钳与把线绝缘不好，连接不牢固，在潮湿地点工作，未站在绝缘胶板或木板上。 (6) 焊接作业未佩戴安全防护工具	(1) 电焊机必须设有专门的放置地点，严禁随意摆放。 (2) 焊接作业要设置好接火斗，下方进行相应范围的封闭警戒，安排人员值守。 (3) 下方设置安全通道、警示标语及提示牌，并安排监护人员值守。 (4) 电焊工及气割工须持特种作业证上岗，作业证过期未年审的不准作业。 (5) 焊钳与把线必须绝缘良好，连接牢固，更换焊条要戴手套，在潮湿地点工作，应站在绝缘胶板或木板上。 (6) 施焊场地周围应清除易燃易爆物品，或用防火布进行覆盖、隔离，并配备灭火器材	 电焊机

续表

序号	风险点	风险分析	管控措施	相关图例
3	移动式挂篮倾覆、高空坠落、物体打击	(1) 高处作业未配好安全防护设施。 (2) 支架施工人员未持有上岗证，搭设前未进行安全培训。 (3) 未设立警戒线，在吊装施工时非施工人员随意进入现场。 (4) 高空临近边缘 2 m 区域内随意堆放施工材料，存在高空抛物现象。 (5) 挂篮的安装以及拆除等环节未配备专门的技术人员进行现场指导，操作过程未严格遵守操作指南，锚固点不稳定，行走系统不同步等。 (6) 安装时未设置剪刀撑加固，对现场环境未进行实时监测	(1) 形成高效的联系机制，在挂篮搭设过程中各作业人员能及时地进行沟通确保配合密切；在进行高处作业时必须配好安全防护设施。 (2) 确保支架施工人员的资质，均需要持有上岗证，在支架搭设前应进行安全培训。 (3) 设立警戒线，在吊装施工时非施工人员未经允许不可进入现场。 (4) 高空临近边缘 2 m 区域内不允许存放任何材料，杜绝高空抛物，确保周边行人及设备安全。 (5) 挂篮的安装以及拆除需由专门的技术人员进行现场指导，所有操作过程均需严格遵守操作指南，各个锚固点应足够稳定，行走系统需要具备同步平稳性能，确保受力的均匀性。 (6) 为了确保安装时不出现倾倒现象，应设置剪刀撑加固，同时对现场环境进行实时监测，一旦发现异常情况需要立刻停止安装，直至找到原因并将其解决后方可继续进行	 移动式挂篮

续表

序号	风险点	风险分析	管控措施	相关图例
4	有限空间作业	(1) 有限空间作业未提前采取通风、除尘等防护措施。 (2) 未对作业人员进行安全技术交底;未提前探测有限空间空气质量。 (3) 有限空间电气焊作业前,未提前进行易燃物品清理或覆盖。 (4) 在高温天气作业时,未对有限空间采取有效降温措施。 (5) 有限空间照明未使用安全电压	(1) 有限空间作业前,应提前向相关部门进行申请,审批通过后并采取通风、除尘等防护措施方可进行有限空间作业。 (2) 有限空间作业前,应对作业人员进行交底;作业人员进入有限空间内应携带便携式气体检测仪。 (3) 在有限空间焊接作业前应提前进行易燃物品清理或覆盖;作业时应采取有效通风措施,必要时焊接作业人员需佩戴氧气面罩。 (4) 在高温天气作业时,应对有限空间采取通风降温措施并限定作业时间。 (5) 有限空间应至少保证两人作业。 (6) 有限空间照明一般情况下应使用 36 V 电压,在特别潮湿条件下应使用 12 V 或 6 V 安全电压	 箱梁内焊接

续表

序号	风险点	风险分析	管控措施	相关图例
5	预应力张拉、压浆	(1) 预应力工程张拉计算书计算有误，导致钢绞线被拉断。 (2) 张拉区未设置警示标志。 (3) 张拉区两端未设置防护挡板，钢绞线断裂、夹片飞出伤人。 (4) 作业人员未在侧面作业；张拉时，千斤顶后方站人。 (5) 压浆时，作业人员未在侧面作业，未佩戴护目镜	(1) 预应力工程施工前，准确获取钢绞线弹性模量、孔道摩擦阻力系数等数据，精确计算张拉力、伸长值等。 (2) 张拉区设置明显警示标志，非操作人员禁止进入。 (3) 张拉区两端必须设置防护挡板，以防钢绞线等飞出伤人。 (4) 张拉人员必须在张拉端侧面作业，张拉时，千斤顶后方严禁站人。 (5) 压浆时，作业人员必须在侧面作业，并佩戴护目镜	 预应力张拉

2. 预制箱梁施工

序号	风险点	风险分析	管控措施	相关图例
1	车辆、机械设备伤害	(1) 预制箱梁吊装未按照方案实施。 (2) 预制箱梁吊装期间未做好安全防护，人员、车辆随意进出吊装区域。 (3) 进场设备与方案计算书中的不符。 (4) 进场设备未经过统一验收，存在安全隐患。 (5) 龙门吊工作停歇时，将重物悬在空中。 (6) 大风天气前，未及时切断龙门吊电源、未检查其刹车装置。 (7) 双机抬吊起吊动作不一致。 (8) 梁板运输过程中造成交通事故	(1) 严格按照方案要求实施，对进场材料、设备、构配件进行严格验收，验收合格后方可开始后续工序。 (2) 根据吊装场地情况，合理组织交通，严禁吊装期间人员、车辆穿行。 (3) 对进场设备规格、型号进行验收，确保符合方案要求。 (4) 对进场设备安全性进行验收，不符合安全要求的设备不予使用。 (5) 对龙门吊司机进行安全教育，明确要求工作停歇时不得将重物悬在空中。 (6) 雷雨、大风天气前，及时切断龙门吊电源，检查其夹轨器是否锁紧，并在车轮前后塞垫块卡牢。 (7) 安排专职司索工统一指挥。 (8) 梁板运输过程中，安排专人指挥交通、专门车辆进行护送	 预制箱梁

续表

序号	风险点	风险分析	管控措施	相关图例
2	吊装过程	(1) 起重机站位选择不当，无法一次性吊装完成。 (2) 未关注天气预报，在雷雨、大风天气进行吊装作业。 (3) 吊装过程中设备出现故障。 (4) 预制箱梁吊装过程中，指挥员指挥不当。 (5) 吊装设备驾驶员操作不当。 (6) 吊装工程司索工未按操作规范执行	(1) 根据场地情况，适当调整起重机站位，做到一次性吊装完成。 (2) 关注未来天气情况，避免在雷雨、大风天气进行吊装作业。 (3) 编写吊装专项施工方案，审核通过后进行交底，应尽量选用同一型号的起重机进行双车抬吊作业，最大起重量不得超过两台起重机工况允许起重量总和的 75%，不得超过单台起重机起重量的 80%。 (4) 对吊装设备和预制箱梁组织提前验收，吊装前进行试吊。 (5) 施工前对吊装指挥员、驾驶员、司索工进行安全技术交底	 预制箱梁吊装
3	吊装场地硬化不到位	吊装场地未硬化或未按方案实施，造成起重机倾斜	按照方案要求，对吊装场地进行硬化，存在软弱地基及时进行换填，验收后方可施工	 场地硬化验收后吊装

续表

序号	风险点	风险分析	管控措施	相关图例
4	场地周边障碍物	(1) 箱梁吊装场地周边有影响吊装的建、构筑物,保护措施不到位。 (2) 吊装场地地上、地下重要管线影响吊装	(1) 明确吊装场地周边建、构筑物位置及安全距离,并做标志,避免触碰。 (2) 摸清地上、地下管线位置,特别是重要管线(给水、燃气、军缆等),做好标志,避免占压	 吊装设置警戒区
5	高处坠落	高处作业安全防护措施不到位	(1) 吊装前对作业人员进行安全技术交底,防止高处坠落。 (2) 桥梁上方做好临边、洞口防护,防止高处坠落	 桥梁临边防护
6	架桥机	(1) 架桥机安拆未编制专项施工方案,未向作业人员进行交底。 (2) 安装后未经验收即投入使用。 (3) 吊装支点连接不牢固。 (4) 吊装超载。 (5) 钢丝绳磨损或断丝超标。	(1) 架桥机组装前编制专项施工方案,并经审批。施工前向作业人员进行交底。 (2) 架桥机安装后经专业检测机构验收合格,并向相关部门备案完成后方可投入使用。 (3) 架桥机支点保证连接牢固、可靠,并经过受力计算。 (4) 严格控制吊装载重量,不得超过最大起重能力的 80%。 (5) 吊装钢丝绳需进行试验检测,使用过程中随时检查其外观质量,不符合要求及时更换。	 架桥机作业 1

续表

序号	风险点	风险分析	管控措施	相关图例
6	架桥机	(6) 架设过程中未设置警戒区。 (7) 架桥机轨道安装不规范。 (8) 架桥机作业未及时对设备进行检查。 (9) 恶劣气候条件下仍冒险作业。 (10) 架桥机斜吊重物引起侧翻。 (11) 架桥机纵移、横移轨道无限位装置。 (12) 架桥机过孔时,作业人员安全防护用品使用不规范	(6) 在架梁过程中,施工现场必须根据环境状况设作业区,并设护栏和安全标志,严禁非施工人员入内。 (7) 架桥机纵向运行轨道两侧规定高度要求对应水平,保持平稳。前、中、后支腿各横向运行轨道要求水平,并严格控制间距,三条轨道必须平行。 (8) 架桥机作业时,要经常注意安全检查,每次过孔后必须进行一次全面安全检查,不允许机械电气带故障作业。 (9) 大雨、大雪、大雾、沙尘暴和六级(含)以上大风等恶劣天气必须停止架梁作业。 (10) 架桥机不允许斜吊重物,必须保证垂直起吊。 (11) 在架桥机纵移或横移轨道两端,必须设置挡铁,以保证架桥机的移位安全。 (12) 架桥机过孔时,操作工人按要求穿防滑鞋、系挂安全带等,规范使用各类安全防护用品	 架桥机作业 2
7	其他伤害	(1) 预制箱梁吊耳定位不准确,造成吊装过程中受力不均衡。 (2) 预制箱梁出厂未做强度检测,强度不满足吊装要求,吊装造成预制箱梁出现裂缝、断裂	(1) 吊耳要严格按照方案定位。 (2) 预制箱梁出厂前必须进行严格的检验、验收,否则不允许出厂	 预制箱梁验收

3. 钢箱梁施工

序号	风险点	风险分析	管控措施	相关图例
1	车辆伤害风险	(1) 梁段落在运梁车上滑移导致交通安全事故。 (2) 在运梁车运输过程中行驶速度不均匀。 (3) 运梁车未错峰运输	(1) 钢箱梁装车注意事项: ① 梁段落在运梁车上之前,要在轴线平板上满铺一层木板,防止滑移。运输梁段竖曲线较大时,采用枕木、方木等支垫,保证多点支撑梁段。 ② 梁段在运梁车上定位要坚持"前后对称、左右对称"的原则,宜使梁段重心压在轴线平板中心点上。 ③ 梁段按要求落在运梁车上后,需采用钢丝绳进行封车,每梁段封车一般为 3~5 道,保证运输过程中的安全。 (2) 梁段运输前,安排车辆对运输路线进行查勘,了解运输线路限高、限宽及交通规则等信息,以提前采取相应措施;梁段运输过程中,要有车辆跟踪,发现情况及时处理。车辆通过关键位置时要减速慢行。当限高、限宽处通过困难时,要及时通过液压系统调整平板高度,通过每节轴线平板尾部调整控制器调整水平方向。 (3) 运梁尽量选择避开车辆高峰期并采取梁段周边悬挂警示标志、反光条、夜间警示灯等措施,确保运输过程的安全	 钢箱梁运输  夜间运输

续表

序号	风险点	风险分析	管控措施	相关图例
2	支架失稳	(1) 支架基础区域地下存在既有管线、沟槽。 (2) 地基承载力不符合要求,未进行处理或处理不到位。 (3) 钢箱梁安装前未对制作完成的支架进行验收挂牌。 (4) 支架吊装时,未设置警戒区,管理人员未旁站监控并做好车辆人流疏导工作	(1) 支架基础区域要进行地下管线、沟槽摸排,尽量避开既有管线、沟槽。 (2) 地基承载力不符合要求的要采取相应技术措施进行处理,如使用混凝土重新浇筑支架基础、支架下部垫钢板等。 (3) 支架材料进场时应对规格、型号做好验收,安装前必须对制作完成的支架(焊接质量等指标)进行逐个验收挂牌。 (4) 支架吊装时,必须设置警戒区,管理人员旁站监控并做好车辆人流疏导工作	 支架基础
3	高处跌落	(1) 未设置专用上下通道。 (2) 支架上部未设置作业面,未做好防护。 (3) 直接从梁体爬到支架上端作业。 (4) 支架中间未设置水平安全网	(1) 设置标准化钢楼梯作为上下通道。 (2) 支架上部应设置合理作业面,并做好临边防护。 (3) 禁止直接从梁体爬到支架上端作业。 (4) 要求在支架中拉一至两层水平安全网	 专用通道

（八）沥青混凝土面层施工

沥青混凝土面层施工流程示意图如下。

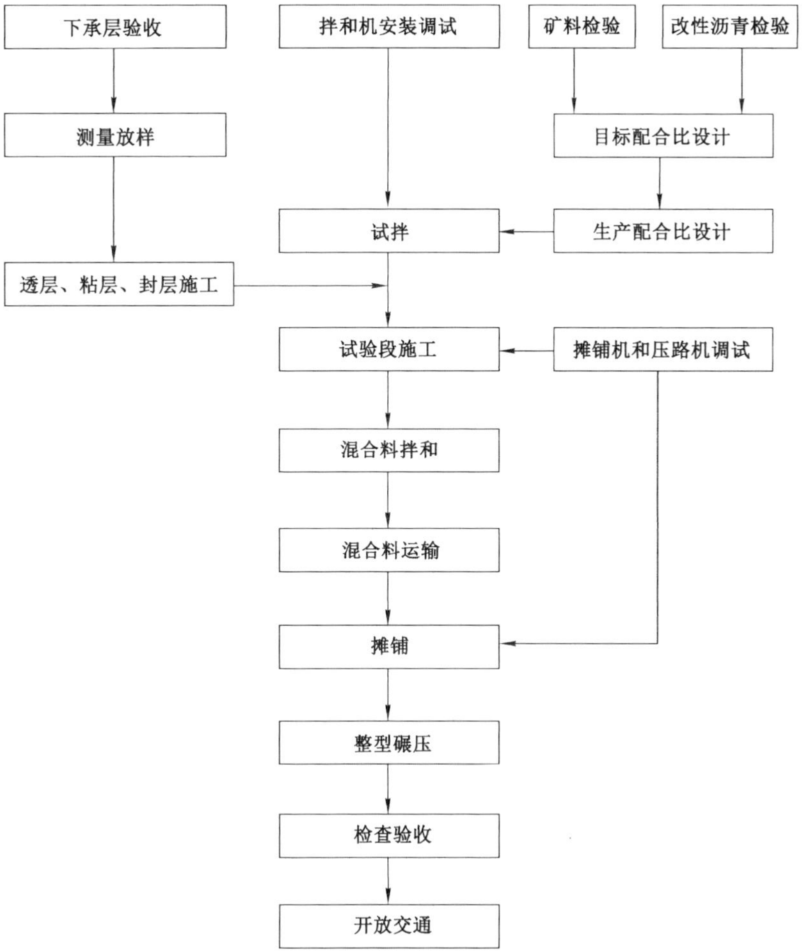

序号	风险点	风险分析	管控措施	相关图例
1	烫伤	(1) 现场作业工人吸烟或使用明火。 (2) 沥青混凝土摊铺过程中人员与运输车、摊铺车或新摊铺沥青混凝土接触。 (3) 高压胶管与喷油管连接不牢固,油嘴和节气门不通畅,机件有损坏	(1) 相关车辆配置灭火器材,沥青混凝土库房设置消防器材,加油或摊铺沥青混凝土时远离火种,施工作业人员需掌握基本的灭火技能。 (2) 在喷洒透层油或者粘层油时,工作地段应有专人监督。施工现场的障碍物应清除干净,洒油时作业范围内不得有人,施工现场严禁使用明火。 (3) 作业前应检查机械是否存在问题,如发现问题需修理完好后再进行作业	 沥青混凝土摊铺
2	机械伤害	(1) 未按专项施工方案进行施工。 (2) 压路机行驶速度过快或碾压时人员靠近,导致伤害。 (3) 未由专业人员进行维修。 (4) 传动和转动部位未进行安全防护。 (5) 夜间照明不足。 (6) 未对大型机械的排气管进行隔离和防护,维修机械时发动机未冷却。 (7) 未配置或穿戴劳动防护用品	(1) 编制专项施工方案,审核通过后及时进行交底。 (2) 作业人员必须持证上岗,控制碾压速度,旁边应有专人指挥。 (3) 由专业检修人员进行维修机械。 (4) 对传动和转动部位进行安全防护,做到"有轮必有罩,有轴必有套"。 (5) 夜间作业应保证足够照明。 (6) 对大型设备的排气管进行隔离和防护,维修机械时要待发动机冷却后再操作。 (7) 配置劳动防护用品,禁止穿普通解放鞋和赤膊进行沥青混凝土路面施工作业	 专人指挥
3	中毒、中暑	(1) 作业时未佩戴口罩。 (2) 施工时逆风作业。 (3) 现场防护设施配置不足。 (4) 高温时段作业导致作业人员中暑。 (5) 现场防暑降温措施不到位	(1) 作业人员需佩戴口罩,控制作业时间,进行轮班作业。 (2) 沥青混凝土路面施工时人员必须在上风作业。 (3) 必要时在施工现场架设排风扇,吹散现场的有害气体。 (4) 高温季节避开高温时段作业,合理安排作业时间。 (5) 现场应配备充足的防暑降温物品	 上风作业

（九）桥塔施工

桥塔施工流程示意图如下。

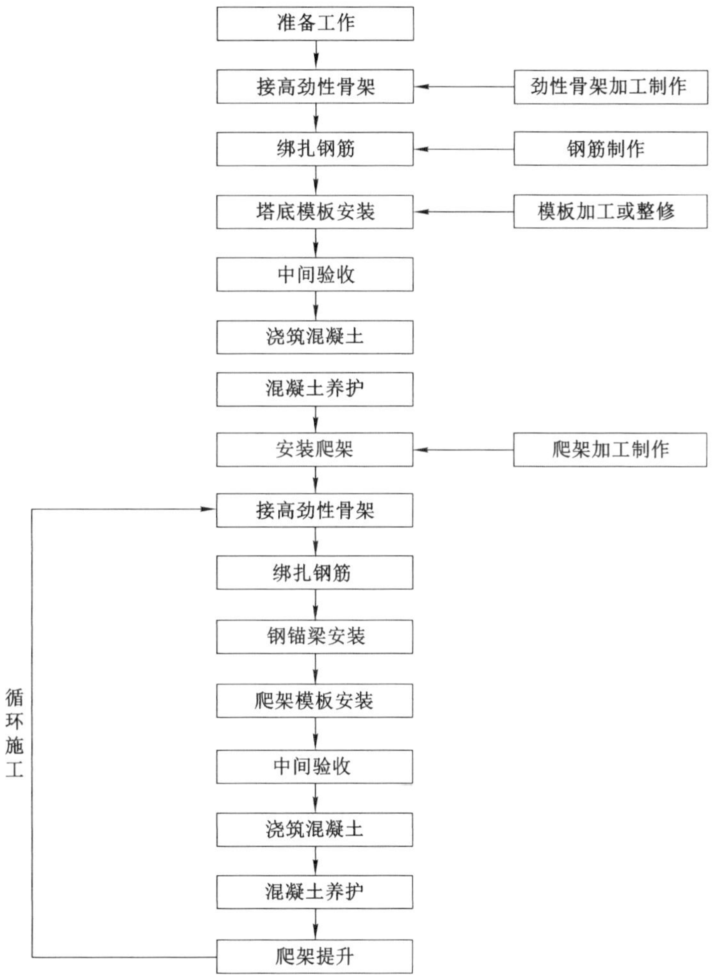

1. 爬模施工

序号	风险点	风险分析	管控措施	相关图例
1	物体打击	(1) 未编制爬模专项施工方案。 (2) 高空抛物导致人员受伤。 (3) 爬架平台未设置踢脚板及翻板,物体掉落导致人员受伤。 (4) 架体爬升期间未设置安全警示区	(1) 编制专项施工方案,超过一定规模的需组织专家论证,监理、业主审批、现场交底后方可实施。 (2) 各层爬架外围需设置防护网,并悬挂禁止抛物警示牌,同时加强作业工人技术交底。 (3) 防护网底部设置踢脚板,混凝土墙体与平台间隙使用翻板封闭,避免物体掉落。 (4) 架体爬升期间设置安全警示区,除操作人员外其余人禁止靠近	 爬架外围设置防护网
2	爬架失稳	(1) 爬架、挂座及预埋件质量不符合要求。 (2) 爬架爬升时混凝土强度未满足要求。 (3) 爬架爬升不同步。 (4) 爬架平台堆载超限。 (5) 恶劣天气爬架未加固。 (6) 爬架未按方案规定顺序进行拆除	(1) 对进场材料、构配件等进行严格验收,验收合格后由专业人员进行安装及爬升操作。 (2) 爬架爬升前对混凝土强度进行回填或对同条件养护试块试压,强度符合要求后方爬升。 (3) 爬架爬升操作应由多名专业人员进行,随时对液压顶升情况进行监控,保证同步爬升。 (4) 爬架平台不允许集中堆载钢筋、模板等重物。 (5) 恶劣天气前后应对防风缆绳及拉结点、挂座等位置检查加固。 (6) 严格按照方案要求拆除施工,拆除期间安全员及工程技术人员应旁站监控	 爬架平台

续表

序号	风险点	风险分析	管控措施	相关图例
3	高处坠落	(1) 每层爬架四周未加装防护栏杆及防护网或存在质量缺陷。 (2) 钢筋、模板平台人员高处作业未系安全带。 (3) 结构边缘、人员上下爬梯洞口未进行防护	(1) 要求必须在爬架四周加装固定防护栏杆及防护网,安装完成后项目部应组织验收,验收通过后方可爬升。 (2) 凡从事高处作业人员应接受高处作业安全教育,上岗前应进行安全技术交底,作业人员在作业前必须检查有无佩戴安全帽、安全带等防护用品。 (3) 结构边缘、爬梯洞口必须及时安装防护栏杆,做到“有边必有栏、有孔必有盖”	 爬架四周防护
4	触电	(1) 未编制临时用电施工组织设计。 (2) 由于爬架架体为钢结构,随主塔爬升,施工过程可能由于雷雨天气引起雷击导致触电。 (3) 必须采用 TN-S 接零保护系统,必须采用三级配电系统、两级漏电保护系统	(1) 在项目开始前由专业电气工程师编写临时用电施工组织设计,在施工作业前,应对所有施工人员进行交底并留存记录。 (2) 爬架架体顶部需设有避雷针,在施工期间如遇有雷雨,爬模上所有人员必须立即离开,保证施工安全。 (3) 制定施工临时用电安全管理制度,安全技术措施交底到电工,安装维修或拆除临时用电工程应由持证电工完成,电工等级应同工程的难易程度和技术复杂性相适应	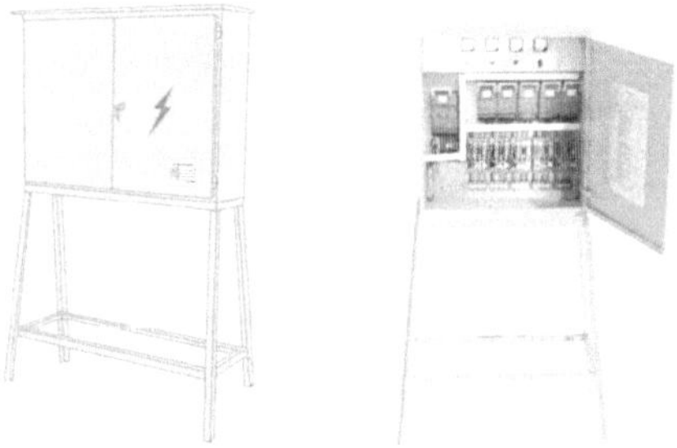 配电箱

2. 拉索施工

序号	风险点	风险分析	管控措施	相关图例
1	高处坠落	(1) 未编制专项施工方案。 (2) 塔端挂索施工平台搭设不牢固，平台四周及人员上下平台的通道未设置防护栏杆、安全网。 (3) 人员上下通道跳板未满铺。 (4) 高处作业遭遇恶劣天气	(1) 编制斜拉索专项施工方案，监理审批通过后及时进行交底，现场方可实施。 (2) 塔端挂索起重平台必须经检查验收合格后方可投入使用，平台临边防护必须符合规范要求。 (3) 人员上下通道跳板需满铺且固定牢靠。 (4) 高处作业人员必须戴好安全帽，系好安全带，水上作业穿好救生衣，遇恶劣天气应停止斜拉索高处作业	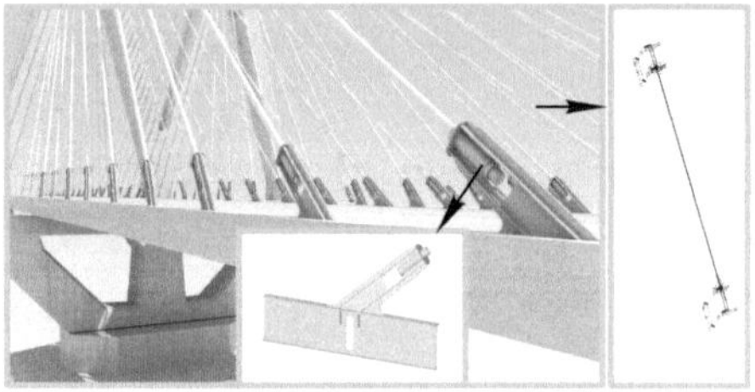 拉索施工
2	高空坠物	斜拉索展开时，托索小车不平衡，操作人员与索体距离小于 1 m	(1) 斜拉索展开时采取临时固定措施确保托索小车平衡，操作人员与索体保持 1 m 以上安全距离并随时观察。 (2) 作业人员携带的工具等需绑上防落绳，防止高空坠落伤人，工作面上无杂物，材料、工具放置平稳	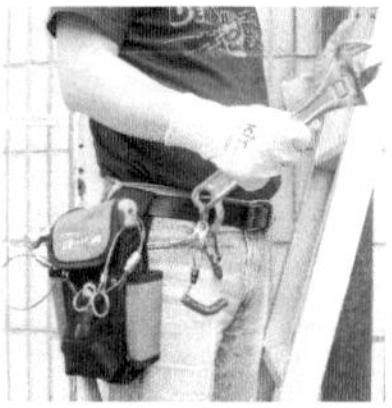 配置工具防落绳
3	起重伤害	塔顶卷扬机加固焊接质量、导向轮和钢丝绳质量有缺陷	塔顶卷扬机安装后，组织对卷扬机加固焊接质量、导向轮和钢丝绳质量进行检查验收，合格后方可用于斜拉索安装	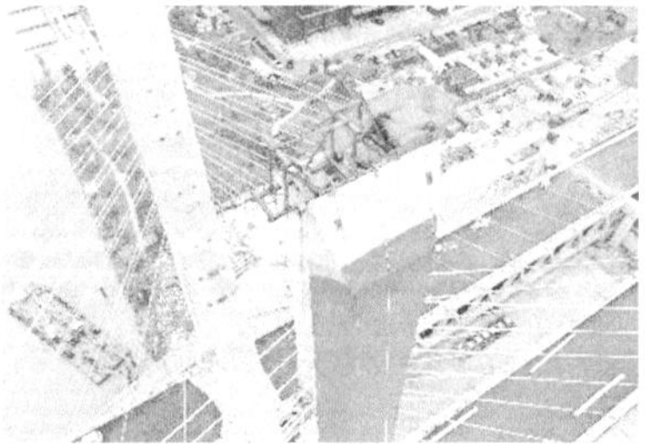 塔顶卷扬机

（十）桥梁拆除

1. 预应力箱型桥梁拆除

序号	风险点	风险分析	管控措施	相关图例
1	未编制专项施工方案、未进行安全技术交底	(1) 危险性较大的分部分项工程未单独编制专项施工方案，超过一定规模的未组织专家论证。 (2) 未按要求设置安全防护设施或切割吊装拆除期间无专人旁站监控。 (3) 新入场人员未进行三级安全教育及交底，不规范使用劳动防护用品，作业中存在“三违”行为。 (4) 特种作业人员无证上岗	(1) 编制拆除专项施工方案，超过一定规模的需组织专家论证，报监理、建设单位审批通过后方可拆除施工。 (2) 专项施工方案中应根据现场实际情况明确拆除期间安全防护措施，拆桥过程中应按照专项施工方案安排专人进行旁站监控。 (3) 对新入场人员进行三级教育并建档建卡，安全技术交底并留存记录，统一分发劳动防护用品，作业过程中进行监管。 (4) 对从事特种作业人员岗位证书进行逐一查验并备案，保证人证合一	 方案交底
2	失稳坍塌	(1) 未按专项施工方案对应力集中位置进行支撑。 (2) 支撑体系承载力未经计算，以钢管柱支撑体系为例，钢管壁厚不达标、未按要求设置剪刀撑及有效拉结杆件、工字钢尺寸不达标。 (3) 未按专项施工方案要求对梁体分节段，且未按顺序进行切割	(1) 对梁体切割后应力变化情况通过有限元分析软件进行建模分析，根据数据提前对应力集中位置进行支撑。 (2) 支撑体系选择及地基处理方式均应进行计算并经专家论证同意，且经监理及业主审批通过后方可搭设，搭设过程中项目部应进行过程检查，搭设完成后联合验收通过。 (3) 现场梁体切割前应对该段尺寸进行测量确认，严格按照方案要求的顺序进行切割	 临时支撑

续表

序号	风险点	风险分析	管控措施	相关图例
3	起重伤害	(1) 浮吊船、汽车式起重机等吊装机械设备未安装防坠、防倾覆、同步控制装置或油压系统不起作用,机械进场未经检验和验收即开始使用。 (2) 吊装用钢丝绳、锁扣、切割设备等未经检查验收即现场使用,无设备操作规程、无安全操作技术措施、未进行安全技术交底;绳锯使用前未检查完整性,切割过程中发生断裂伤人	(1) 浮吊船进场后项目部联合监理对浮吊船进行检查验收,并应要求租赁单位出具船舶证书、地方海事局颁发的船员证书、特种人员证书等,合格后方可作业。 (2) 各类设备使用前项目部联合监理部门对设备进行检查验收,对作业人员进行安全技术交底,并留存签字记录	 浮吊船验收
4	高处坠落	梁体防撞护栏切割后临边未按规定要求防护	专项施工方案中应明确梁体切割后的临边防护方式,现场应按照专项施工方案要求进行围护,防止人员掉落	 临边防护

续表

序号	风险点	风险分析	管控措施	相关图例
5	物体打击	(1) 吊装时随意增加吊装荷载。 (2) 预加力过大或过小导致梁体切割完成瞬间钢丝绳断裂。 (3) 首块切割角度超过允许偏差范围导致切割完成瞬间梁体掉落或吊出困难	(1) 严格按照方案中划分节段进行切割，避免因切割误差导致重量超过吊装设备性能。 (2) 梁体切割前浮吊船或汽车式起重机吊装准备就绪，梁体开始切割后，起重机或浮吊船预加力增至该梁体自重约 1/4，如预加力过大，切割完成瞬间，该切割块反弹会导致钢丝绳或吊带无法承受瞬间拉力而产生断裂甚至起重机或浮吊船发生侧翻。 (3) 跨中首块梁体应两端同时对称切割，切割角度偏差应控制在 5°以内，左右为倒梯形，防止梁体切割完成瞬间掉落或两端收紧吊出困难	 浮吊船吊装

2. 限高空间桥梁拆除

序号	风险点	风险分析	管控措施	相关图例
1	折臂式起重机、架桥机拆除桥梁	(1) 未编制专项施工方案。 (2) 施工期间未安排专人指挥看管。 (3) 施工设备高度超限。 (4) 吊装用钢丝绳断裂、反弹，引起触电事故	(1) 编制专项施工方案，审批通过后进行交底，现场严格按照方案实施。 (2) 施工期间安排专职人员指挥看管。 (3) 严格执行施工设备进场验收制度，对设备高度进行控制，使其满足安全距离要求。 (4) 对钢丝绳进行受力计算，并不定期检查外观情况，不合格及时更换	 使用架桥机拆除桥梁

（十一）预制梁制作、运输

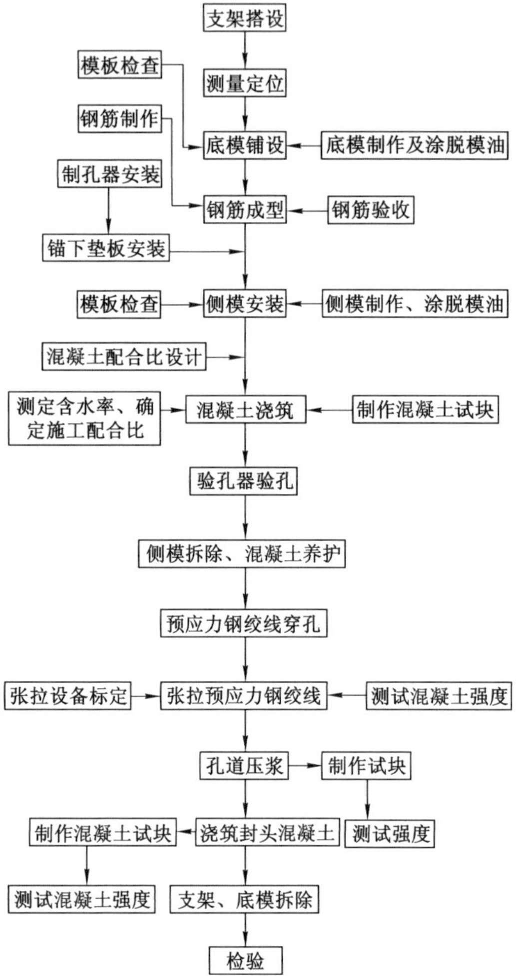
支架搭设
模板检查
测量定位
钢筋制作
底模铺设
底模制作及涂脱模油
制孔器安装
钢筋成型
钢筋验收
锚下垫板安装
模板检查
侧模安装
侧模制作、涂脱模油
混凝土配合比设计
测定含水率、确定施工配合比
混凝土浇筑
制作混凝土试块
验孔器验孔
侧模拆除、混凝土养护
预应力钢绞线穿孔
张拉设备标定
张拉预应力钢绞线
测试混凝土强度
孔道压浆
制作试块
制作混凝土试块
浇筑封头混凝土
测试强度
测试混凝土强度
支架、底模拆除
检验

序号	风险点	风险分析	管控措施	相关图例
1	龙门吊作业	(1) 机械零部件装置损坏，造成机械失灵。 (2) 设备供电设施未检修，造成漏电。 (3) 龙门吊轨道变形、松动，造成机械伤害。 (4) 龙门吊操作人员未按操作规程施吊，造成安全危害。 (5) 夜间施工照明条件不好，影响作业安全。 (6) 龙门吊作业前未关注天气情况，在雨天、大风天气施吊，存在安全风险。 (7) 未按要求配备专业操作人员。 (8) 龙门吊行走未设置限位装置。 (9) 上下楼梯未设置警示标志和照明。 (10) 未按要求设置警示灯、警示铃	(1) 机械使用前对机械进行验收，并报验。 (2) 定期派专业电工对所有用电设施进行检查维修。 (3) 对龙门吊轨道基础进行加固。 (4) 对操作人员进行操作规程交底。 (5) 配备充足的夜间照明设施。 (6) 随时关注天气情况，避免在大雨、大风天气实施作业。 (7) 龙门吊操作人员必须持证上岗。 (8) 开工前对龙门吊进行专项验收。 (9) 安全警示、安全通道和照明等设施应完善。 (10) 龙门吊使用期间设置警示灯和警示铃	 龙门吊

续表

序号	风险点	风险分析	管控措施	相关图例
2	箱梁预制	(1) 钢模板吊装时钢丝绳固定不牢固,造成脱落。 (2) 钢模板安装不牢固,易发生掉落。 (3) 高处作业未按要求佩带安全带。 (4) 临时用电未配备专业电工,用电不规范。 (5) 预制梁起吊未按要求设置缆风绳。 (6) 箱梁吊装时未观察吊物下方是否有人	(1) 及时更换不符合要求的钢丝绳。 (2) 钢模板加固完成后及时进行检查验收,对松动、脱扣等位置重新加固。 (3) 检查高处作业安全带佩带情况。 (4) 电工必须持证上岗,按照规范要求实施临时用电作业。 (5) 预制梁吊装前检查缆风绳的设置。 (6) 吊装前确保吊物下方未站人或无行人通过	 箱梁预制
3	预制梁转运	(1) 龙门吊使用前未检查,限位装置失灵。 (2) 操作人员未按照要求操作。 (3) 预制梁放置不平整,发生倾斜。 (4) 夜间作业,无照明设施。 (5) 未按要求提前清理地面障碍物。 (6) 吊装前未检测预制梁混凝土强度。 (7) 转运过程中吊点绑扎不牢固	(1) 吊装前检查限位装置是否有效。 (2) 对操作人员进行操作规程交底。 (3) 预制梁吊装完成前检查是否平整。 (4) 配备足够的照明设施。 (5) 预制梁吊装前清理地面杂物。 (6) 吊装前对预制梁混凝土强度进行检测,不符合要求不允许吊装。 (7) 转运前对吊点进行检查,出现松动重新绑扎	 预制梁转运

续表

序号	风险点	风险分析	管控措施	相关图例
4	出梁作业	(1)未按方案要求出梁。 (2)出梁设备选择未经过详细计算。 (3)出梁前未检测预制梁混凝土强度,造成预制梁开裂或断裂。 (4)出梁作业人员未按操作规程要求作业。 (5)龙门吊作业时出现机械失灵。 (6)预制梁安放不平整,造成倾斜	(1)按照审批的方案进行出梁作业。 (2)运梁车、吊装设备均要按照方案要求配备。 (3)预制梁出厂前进行混凝土强度检测和验收,合格后方可出厂。 (4)对作业人员进行操作规程交底,明确操作步骤和注意事项。 (5)龙门吊在出梁前进行一次全面检查,避免出现机械失灵的情况。 (6)往运梁车上安放预制梁位置要准确,不允许出现倾斜	 出梁作业
5	运梁作业	(1)未按照方案制定的线路运梁,造成拥堵。 (2)运梁时间选择晚上运梁,视线不好。 (3)箱梁高度过高,未考虑运梁路线有限高要求。 (4)运梁过程中指挥不当。 (5)运梁过程中驾驶员操作失误。 (6)运梁机械突然失灵。 (7)预制梁固定钢丝绳松动。 (8)未关注天气情况,大雨、大风天气运梁。 (9)运梁车选择不当,超载	(1)按照方案制定的运梁路线运送预制梁。 (2)运梁时间尽量选择白天,如需晚上运梁,则要配备好照明灯具。 (3)对运梁路线提前熟悉,避开有限高要求的路线。 (4)对预制梁运输指挥人员进行安全技术交底,避免运梁过程中出现磕碰等。 (5)对运梁车司机进行安全技术交底,避免运梁过程中车辆侧翻。 (6)对运梁车进行验收,避免出现故障。 (7)预制梁固定必须牢固,行驶前对绑扎部位进行检查,对松动部位进行加固。 (8)随时关注天气情况,避免在大雨、大风天气运输预制梁。 (9)根据预制梁重量选择运梁车,避免出现超载等问题	 运梁作业

三、案例分析

（一）架桥机倾覆事故案例分析

1. 事故概况

2019 年 7 月 18 日，某一级公路改扩建工程 SG-3 标段汉江 2 号大桥架桥机在作业过程中突然发生解体倾覆，造成 5 人死亡、4 人重伤、3 人轻伤。事故现场照片见下图。

2. 原因分析

（1）直接原因

① 事故架桥机左前支腿钢筒支撑销轴安装不当，在架桥机运行中逐渐退出脱落，导致架桥机在负重状态下突然失稳倾覆解体。

② 事故架桥机购置于 2011 年 5 月，事故发生时已使用 8 年之久，未按《架桥机安全规程》（GB 26469—2011）规定进行安全评估，金属结构件锈蚀、磨损严重，有多处改动、焊接加固、维修痕迹，多处安装不符合规范要求，部分金属结构有陈旧性断裂，架桥机整体安全性能较差，已不具备基本的安全技术条件。

（2）间接原因

① 资料造假，违规安装、使用特种设备。

② 违规检测，结论失实。

③ 现场管理混乱。

④ 建设项目参建单位安全生产主体责任不落实。

⑤ 安全监管不到位。

3. 事故性质

通过对事故原因的分析，事故调查组认定：该事故是一起严重违反《中华人民共和国安全生产法》（以下简称《安全生产法》）、《中华人民共和国特种设备安全法》的较大生产安全责任事故。

4. 对事故责任单位和责任人处理意见

（1）施工单位、监理单位，暂扣其安全生产许可证、责令其停业整顿 90 日；纳入本省生产经营单位安全生产不良记录“黑名单”管理。

（2）相关政府职能部门：对其领导班子进行问责并写出深刻书面检讨。

（3）建议追究刑事责任的责任人 7 人（其中 2 人死亡免于追究），建议给予党、政纪处分和其他处理的责任人 27 人（其中 1 人死亡免于追究）。

（二）沉箱模板坍塌事故案例分析

1. 事故概况

2021 年 6 月 22 日 14 时 35 分，某大桥工程锚碇建设工地，在沉井第九节接高施工过程中，发生一起模板坍塌事故，事故造成 3 人死亡，12 人受伤，直接经济损失约 958 万元。事故现场照片见下图。

2. 原因分析

(1) 直接原因

沉井第九节钢筋模板安装施工,在未设置缆风绳和型钢桁架的情况下,提前割断沉井西侧(约 65 m 长度范围内)和北侧(约 28 m 长度范围内)钢筋节段内的劲性骨架立柱支腿,造成西侧长 73 m、高 7 m 的模板和钢筋节段平面外稳固性严重不足,在当时水平风荷载(东南向阵风与坍塌方向一致)与偏心荷载(悬挑操作平台作业人员荷载)的作用下,发生顺风向先西侧向外、后连带南北侧向内的整体倾覆坍塌。

(2) 间接原因

① 施工总承包单位。

a. 关键工序监管失控;安全技术措施未有效落实;施工方案编制存在严重疏漏。

b. 未按施工方案组织施工,随意削减构件材料,偷工减料。

c. 项目部管理体系混乱,项目部未履行投标承诺,未按规定和投标文件配备项目管理人员,未经建设单位批准就更换项目总工、安全总监、工程技术部负责人等关键岗位人员。

② 劳务分包单位。

a. 安全生产意识淡薄,未按照专项施工方案和安全操作规程施工。

b. 未按照规定开展班组安全教育。

c. 安排无特种作业资质的人员进行切割、电焊作业。

③ 监理单位。

a. 现场监理工作严重失职。

b. 专项施工方案审查不严。

c. 安全监理责任制落实不到位。

3. 事故性质

经调查认定,该起事故是一起严重违反施工次序,施工现场监督管理不到位引发的较大生产安全责任事故。

4. 对事故责任单位和责任人处理意见

(1) 建议移交司法机关追究刑事责任人员

① 林某明，项目部常务副经理。因涉嫌重大责任事故罪，已于2021年6月27日被公安机关采取刑事强制措施，建议由司法机关依法追究刑事责任。

② 陈某文，劳务分包单位施工段现场负责人，违反施工次序，违规安排工人提前割除劲性骨架，对事故发生负有直接责任。因涉嫌重大责任事故罪，已于2021年6月27日被公安机关采取刑事强制措施，建议由司法机关依法追究刑事责任。

③ 梁某达，项目部总工程师，变更施工方案未经专家论证，且未报总承包单位审查，削减劲性骨架材料未经有效验算等。对事故发生负有管理责任，建议由司法机关依法追究刑事责任。

④ 杨某锋，监理单位副总监理工程师，对事故发生负有责任，建议由司法机关依法追究刑事责任。

5. 建议给予行政处罚的单位和人员

① 施工总承包单位，安全生产主体责任未落实，编制专项施工方案内容不完善，变更施工方案程序不完备，组织安全技术交底不细致，对方案实施的技术督导不到位，对事故发生负有重要责任，建议由应急管理部门依据《安全生产法》相关规定给予行政处罚。

② 监理单位，现场巡检不力，未严格审查施工方案变更，未督促项目部开展专家论证和安全风险评估，对事故发生负有重要责任，建议由应急管理部门依据《安全生产法》相关规定给予行政处罚。

③ 劳务分包单位，安全生产责任制落实不到位，未按照专项施工方案施工，未按规定开展安全生产教育培训，对事故发生负有责任，建议由交通运输部门对其安全生产教育培训、特种作业人员持证上岗方面的违法行为给予行政处罚。

④ 马某勇，总承包单位董事长，未依法履行安全生产管理职责，督促、检查本单位安全生产工作不力，对事故发生负有领导责任，建议由所在公司按照干部管理权限处理，由应急管理部门依据《安全生产法》相关规定给予行政处罚。

⑤ 田某，总承包单位总经理，未依法履行安全生产管理职责，督促、检查本单位安全生产工作不力，对事故发生负有领导责任，建议由所在公司按照干部管理权限处理，由应急管理部门依据《安全生产法》相关规定给予行政处罚。

（三）其他事故案例分析

1. 机械伤害事故

（1）事故概况

2020年3月3日下午，一在建市政桥梁工程工地，一台25 t汽车式起重机驾驶员在吊装构件过程中玩手机，伸大臂未同时落主钩，导致主钩冲顶，钢丝绳断开，钩头坠落砸中一工人头部，造成一人当场死亡。事故现场照片见下图。

(2) 原因分析

① 直接原因

驾驶员玩手机,操作失误。

② 间接原因

a. 项目部未对临时入场汽车式起重机驾驶员进行入场教育及汽车式起重机操作规程交底。

b. 施工现场未设置警戒区域,汽车式起重机作业半径内站人。

c. 未配备专职司索工指挥作业。

2. 高空坠落事故

(1) 事故概况

2016 年 8 月 10 日 4 时,某工程高架立交桥施工时,一名钢筋工人在现浇混凝土箱梁钢筋安装施工中未系安全带,从 21 m 高处坠落,当场死亡。

(2) 原因分析

① 直接原因

高处作业未系安全带。

② 间接原因

a. 项目安全管理混乱，违章常态化。

b. 项目安全管理体系不健全，制度、文件缺失，未建立安全生产责任制。

c. 安全管理人员配备不足，且无证上岗。

d. 安全教育培训机制不健全，三级安全教育未全覆盖，未进行高处作业岗前培训。

e. 高处临边防护设施设置不到位。

f. 高处作业无管理人员旁站监管。

部分高处作业未佩带安全带的现场照片见下图。

3. 现浇箱梁支撑体系坍塌事故

(1) 事故概况

2000 年 11 月 27 日，某高速公路起点高架全互通立交桥(4 联箱梁)混凝土浇筑施工中，第 3 联右幅(50 m 长)桥突然坍塌，69 人坠落，19 人受伤，其中重伤 5 人。事故现场照片见下图。

（2）原因分析

① 直接原因

高大模版支撑系统失稳。

② 间接原因

a. 立杆高度误差大，部分扣件未拧紧，水平杆件未采用搭接连接，削弱了支架整体稳定性。

b. 坍塌的第7跨在支架施工方案中未设置横向剪刀撑，纵向剪刀撑数量不足，造成支架主体稳定性不足。

c. 施工方案存在缺陷。支架施工方案中对不利荷载因素及荷载分布不均状况分析不足，未采取相应措施，使支架整体稳定性存在安全隐患。

d. 监理单位监管不力，未按规定进行支撑体系验收。

e. 高大模板支撑系统施工方案未进行审批。

4. 堆载预压事故

（1）事故概况

2001年9月25日，某高速公路连接线匝道桥模板支架在加载预压时，突然垮塌，造成6人死亡、20人受伤。事故现场照片见下图。

(2) 原因分析

① 直接原因

a. 钢管立柱直接落在混凝土路面上,因地基承载力不足,柱基不稳,产生竖向和水平位移。

b. 贝雷支架缺少斜向支撑,侧向约束薄弱,在堆载的外力作用下(堆载设计中沙袋总质量 1 065 t,实际堆至 700 t),由于支架的局部变形引发整体失稳破坏,造成垮塌。

② 间接原因

a. 施工现场管理混乱,堆沙作业未按程序堆放。

b. 技术管理混乱,支架设计和预压方案未按规定程序审批。

c. 未对临时招用的堆沙人员进行必要的安全教育。

d. 施工方案未经审批,支架体系存在明显隐患,未采取有效措施予以制止并及时向上级反映。

e. 监理单位监督检查不力。

f. 施工单位安全监督缺失。

5. 引桥坍塌事故

(1) 事故概况

2012年5月26日，某综合枢纽工程左岸引桥半幅一跨(第53～54号桥墩段)，在浇筑过程中发生支架倾塌，导致一人死亡，4名施工作业人员受伤。事故现场照片见下图。

(2) 原因分析

① 直接原因

因连续降雨(21日—25日施工区域连续降雨，雨量达150 mm)，桥梁施工支架的临时墩地基本含水饱和导致承载力下降，支架加载后产生不均匀沉降，发生倾斜变形。

② 间接原因

a. 雨后未组织模板支架二次检查验收。

b. 混凝土浇筑顺序未按施工方案执行，施工时未按照先柱后梁板的顺序。

c. 项目技术负责人、监理未签署混凝土浇筑令即开始浇筑作业。

d. 浇筑混凝土时没有对支架进行监测。

e. 总包单位监督检查不到位，隐患排查治理不到位。

6. 大桥坍塌事故

(1) 事故概况

2007年8月13日16时45分，一正在建设的大桥发生特别重大坍塌事故，造成64人死亡，4人重伤，18人轻伤，直接经济损失3 974.7万元。事故现场照片见下图。

（2）原因分析

① 直接原因

大桥主拱圈砌筑材料未满足规范和设计要求，拱桥上部构造施工工序不合理，主拱圈砌筑质量差，降低了主拱圈砌体的整体性和强度，随着拱上荷载的不断增加，造成 1 号孔主拱圈靠近 0 号桥台一侧约 3～4 m 宽范围内，即 2 号腹拱下的拱脚区段砌体强度达到破坏极限而坍塌，受连拱效应影响，整个大桥迅速坍塌。

② 间接原因

a. 施工单位擅自变更原主拱圈施工方案。

b. 混凝土搅拌站违规使用不合格料石，主拱圈施工不符合规范要求，在主拱圈未达到设计强度的情况下就开始拆除支撑脚手架。

c. 设计单位和地质勘察单位违规违法分包，地质勘察设计深度不够，现场服务和设计交底不到位。

d. 建设方盲目追赶进度，忽视安全管理。

7. 挂篮垮塌事故

(1) 事故概况

2008 年某桥梁建设工地,在挂篮走行过程中,因左右两侧行走不同步,挂篮整体扭曲变形,最终整体破坏,造成 2 人死亡事故。事故现场照片见下图。

(2) 原因分析

① 直接原因

挂篮两侧行走不同步。

② 间接原因

a. 挂篮行走时无专人指挥,未及时发现事故隐患。

b. 未组织挂篮移位前验收。

c. 项目负责人未按规范编制挂篮施工方案及进行安全技术交底,抢进度,赶工期,盲目组织“大会战”。

8. 墩柱坍塌事故

(1) 事故概况

2008 年 4 月 1 日 15 时 15 分,某高架桥第 19 号墩柱在进行混凝土浇筑时,发生一宗坍塌事故,造成 3 人死亡、2 人受伤。事故现场照片见下图。

(2) 原因分析

① 直接原因

混凝土一次性浇筑量过大,导致模板及支撑体系偏心受力而外倾失稳,造成坍塌。

② 间接原因

a. 架体搭设不符合规范要求,未按照施工方案施工。

b. 未进行混凝土浇筑作业安全技术交底。

c. 作业人员无施工经验。

d. 混凝土浇筑体量过大,一次灌注墩身高度未经验算,灌注至 9 m 时,混凝土压力已超模板支撑体系承载能力。

e. 灌注速度超速,按要求应小于或等于 1 m/h,实际达到 3 m/h,造成模板支撑体系失稳外倾。

9. 桩机倒塌事故

(1) 事故概况

2021 年 6 月 22 日,一工地桩机突然倒塌,一辆轿车刚好路过附近被砸中,导致轿车内 2 人死亡。事故现场照片见下图。

（2）原因分析

① 直接原因

事故桩机底盘东北侧支腿油缸缸体与平台连接的法兰盘处和斜支撑与底盘连接处存在大面积陈旧疲劳裂缝，在桩机平台自重及工作载荷作用下，陈旧裂缝扩大，造成法兰盘断裂，底盘平台在支承失效的情况下突然倾斜，底盘上的立柱、斜撑等部件在桩架上的固定部位无法承受侧向力的作用而被破坏，桩机立柱失去连接约束后倒塌。

② 间接原因

a. 桩基工程专业分包单位违法转包工程，接受转包个人无资质且使用不合格桩机。

b. 项目施工总承包单位、监理单位和建设单位安全责任落实不到位。

建设工程施工安全管控丛书

市政工程施工
安全管控指南

管廊工程篇

石军胜 / 主编
李　欣　黄先文　谭志斌　巩俊松　王　鹏 / 副主编

中国矿业大学出版社
· 徐州 ·

管廊工程篇

主要起草人：田慧、林锡森、文金龙、黄智勇、程兵、李兴杰、付文祥、曾佳鑫、林建文、周捷、江灏、王长利、黄晖、刘为民、任祥华、叶子祎、康皓原

主要审核人：王友涛、王鹏、方涛、何青义、孟一曼、王纯岩、朱德君、张世超、张青、王勇

目　录

管廊工程篇

长期以来，我国城市管线大多是以地下直埋的方式布置。这种方式虽然节省了许多城市地表以上的空间，但当优化、维修管线时，会造成极大的经济损失，给周边车辆、行人和附近居民造成不便。另外，城市各类管线的管理部门存在各自为政的情况，以至于施工、维修时互相干扰，在不同管网之间存在交替重复施工现象。

管廊的出现解决了上述问题，但管廊工程属于地下构筑物，施工过程风险大，为提高管廊工程施工过程的安全管理水平，特编制此篇，以期让项目管理人员了解管廊施工工艺及管廊工程施工过程中常见的风险，提高现场施工的规范化、制度化管理水平，提升现场工作效率，从而降低风险。

一、管廊工程概述

（一）管廊工程分类

综合管廊作为承载城市多种运营管线的载体，将电力、通信、燃气、供热、给排水等各种工程管线集于一体，设有专门的检修口、吊装口和监测系统，实施统一规划、统一设计、统一建设和管理，是保障城市运行的重要基础设施和“生命线”。综合管廊具有空间利用率高，断面钢筋混凝土含量高，断面结构简单，模板支撑现浇施工方便等优点；同时存在开挖断面宽，土方及回填量大，对周边环境影响大，施工速度慢，工程造价高等缺点。

在综合管廊中，就其施工方法而言，可分为现浇管廊和预制管廊，其中预制管廊分为预制叠合板式拼装管廊、整舱预制管廊。现浇管廊结构底板、侧墙及顶板均采用传统的现场绑扎钢筋、支模然后浇筑混凝土的工艺，具有结构整体性能好、可模性好、施工操作简单，但施工质量控制难度大的特点，而预制管廊结构整体性能虽不如现浇结构，但施工质量可控性好、施工工期短、节能减排效果好。

（二）主要施工工艺及流程

1. 交通疏解

工艺流程图	作业内容	主要施工工序	主要资源投入			附图
			人员	材料	机具、机械	
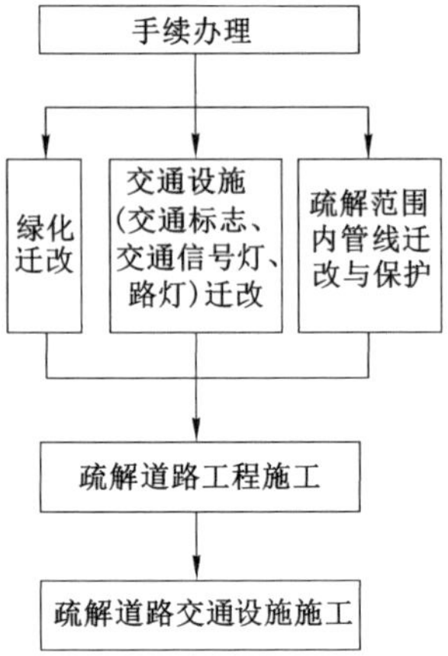	绿化迁改	(1) 临时占道施工交通疏解； (2) 场地清理； (3) 绿化修剪； (4) 挖苗木； (5) 苗木的吊运； (6) 定植； (7) 定植后养护	(1) 交通疏解员； (2) 信号工； (3) 司索工； (4) 起重机司机； (5) 挖掘机司机； (6) 普工	(1) 交通疏解安全设施； (2) 种植土； (3) 树木固定支架	(1) 占道施工工程车； (2) 汽车式起重机； (3) 油锯	 绿化迁改
	交通设施（交通标志、交通信号灯、路灯）迁改	(1) 沟槽、基坑开挖与回填； (2) 基础施工； (3) 现状交通设施拆除； (4) 交通设施安装	(1) 信号工； (2) 司索工； (3) 起重机司机； (4) 混凝土工； (5) 钢筋工； (6) 普工	(1) 回填土； (2) 钢筋； (3) 交通设施； (4) 混凝土	(1) 汽车式起重机； (2) 电焊机； (3) 钢筋加工机械； (4) 混凝土搅拌运输车； (5) 混凝土泵车； (6) 振捣棒	 交通设施迁改

续表

工艺流程图	作业内容	主要施工工序	主要资源投入			附图
			人员	材料	机具、机械	
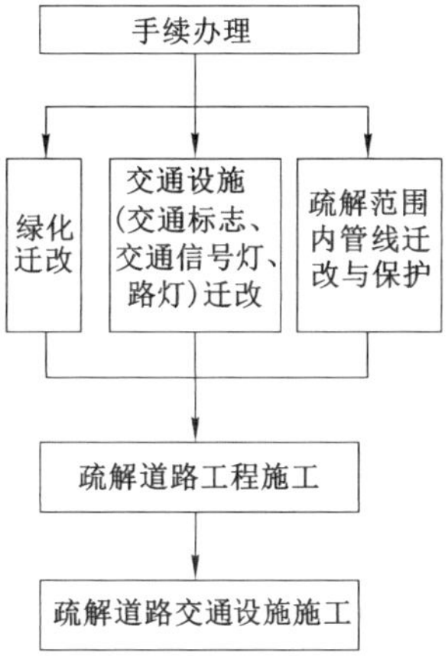 	疏解范围内管线迁改与保护	(1) 沟槽开挖与回填； (2) 通信、电力、照明及电视管线敷设； (3) 雨污水管敷设； (4) 燃气管道敷设； (5) 给水管道敷设	(1) 挖掘机司机； (2) 打夯机操作员； (3) 普工	(1) 各类管线； (2) 回填土	(1) 挖掘机； (2) 打夯机	 沟槽开挖
	疏解道路工程施工	(1) 路基施工； (2) 路面基层施工； (3) 路面面层施工； (4) 人行道施工； (5) 附属构筑物施工	(1) 各机械设备操作员； (2) 普工	(1) 回填土； (2) 水泥稳定碎石； (3) 级配碎石； (4) 沥青； (5) 划线涂料	(1) 铣刨机； (2) 摊铺机； (3) 平地机； (4) 压路机； (5) 洒水车； (6) 稀浆封层车； (7) 挖掘机； (8) 打夯机； (9) 装载机； (10) 混凝土泵车； (11) 热熔划线机	 疏解道路工程
	疏解道路交通设施施工	(1) 交通标线施工； (2) 交通导行设施施工	(1) 各机械设备操作员； (2) 司索工； (3) 信号工； (4) 普工	(1) 交通指示牌； (2) 反光沙桶； (3) 夜间警示灯； (4) 水马； (5) 标线； (6) 路灯； (7) 信号灯	(1) 交通标线划线机； (2) 随车起重运输车	 疏解道路交通设施

2. 基坑支护与开挖

工艺流程图	作业内容	主要施工工序	主要资源投入			附图
			人员	材料	机具、机械	
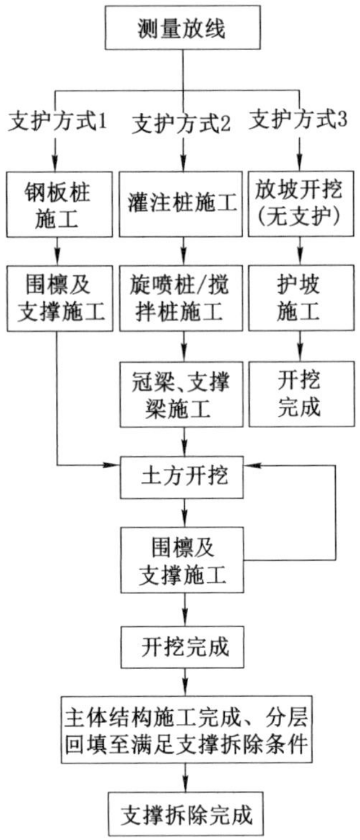	灌注桩施工	(1)前期管线及构筑物探明； (2)钢筋加工； (3)钢筋笼制作； (4)测量放线； (5)旋挖钻孔； (6)钢筋笼、导管吊装； (7)混凝土灌注	(1)钢筋工； (2)电焊工； (3)混凝土工； (4)司索工； (5)信号工； (6)起重机司机； (7)普工	(1)混凝土； (2)钢筋	(1)钢筋滚笼机； (2)钢筋切断机； (3)旋挖桩机； (4)汽车式起重机； (5)搅拌车； (6)电焊机	 灌注桩施工
	旋喷桩/搅拌桩施工	(1)测量放线； (2)水泥浆制备； (3)提升、下沉搅拌(高压旋喷桩自下而上高压射浆)	(1)桩机操作员； (2)普工	水泥浆	(1)水泥土搅拌桩机； (2)高压旋喷桩机	 旋喷桩施工

续表

<table>
<tr><th rowspan="2">工艺流程图</th><th rowspan="2">作业内容</th><th rowspan="2">主要施工工序</th><th colspan="3">主要资源投入</th><th rowspan="2">附图</th></tr>
<tr><th>人员</th><th>材料</th><th>机具、机械</th></tr>
<tr><td rowspan="3">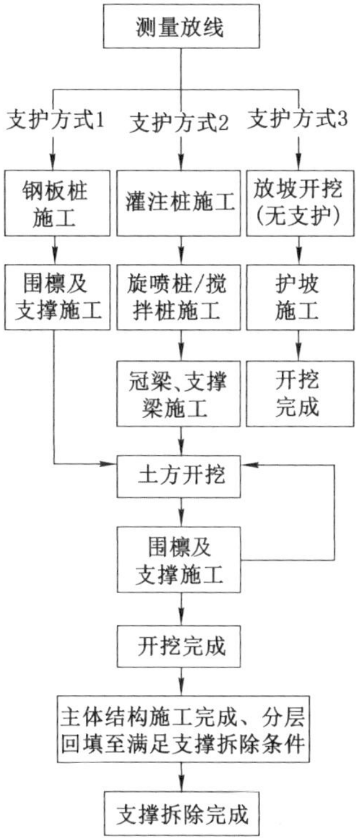
</td>
<td>冠梁、支撑梁施工</td>
<td>(1)测量放线；
(2)钢筋加工；
(3)钢筋安装；
(4)模板安装；
(5)混凝土浇筑与养护；
(6)支撑梁拆除</td>
<td>(1)钢筋工；
(2)电焊工；
(3)木工；
(4)混凝土工；
(5)绳锯操作员；
(6)普工</td>
<td>(1)钢筋；
(2)模板；
(3)混凝土</td>
<td>(1)钢筋切断机；
(2)圆盘锯；
(3)混凝土泵车及搅拌车；
(4)绳锯；
(5)电焊机</td>
<td>
冠梁施工</td></tr>
<tr><td>钢板桩施工</td>
<td>(1)管线及构筑物探明；
(2)测量定位；
(3)导架安装；
(4)钢板桩施打</td>
<td>(1)测量员；
(2)桩机操作员；
(3)普工</td>
<td>(1)钢板桩；
(2)型钢</td>
<td>钢板桩打桩机</td>
<td>
钢板桩施工</td></tr>
<tr><td>围檩及支撑施工</td>
<td>(1)标高测量；
(2)围檩、支撑吊装安装；
(3)施加预应力；
(4)围檩及支撑拆除</td>
<td>(1)司索工；
(2)信号工；
(3)起重机司机；
(4)安拆工人；
(5)电焊工；
(6)普工</td>
<td>(1)支撑；
(2)围檩</td>
<td>(1)汽车式起重机；
(2)千斤顶；
(3)电焊机</td>
<td>
钢支撑施工</td></tr>
</table>

续表

工艺流程图	作业内容	主要施工工序	主要资源投入			附图
			人员	材料	机具、机械	
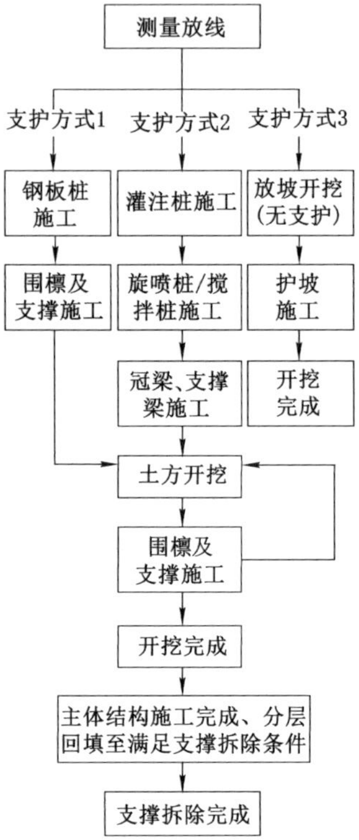	土方开挖	(1) 土方开挖； (2) 标高测量	(1) 挖掘机司机； (2) 测量员； (3) 自卸车驾驶员； (4) 普工	—	(1) 挖掘机； (2) 自卸车	 土方开挖
	放坡开挖	(1) 测量放线； (2) 放坡开挖	(1) 挖掘机司机； (2) 测量员； (3) 自卸车驾驶员； (4) 普工	(1) 钢筋(如需)； (2) 混凝土	(1) 挖掘机； (2) 自卸车	 放坡开挖
	护坡施工	(1) 边坡修整； (2) 土钉施工； (3) 清孔注浆； (4) 设置坡面竖向排水带； (5) 钢筋网片铺设； (6) 混凝土喷锚	(1) 挖掘机司机； (2) 混凝土工； (3) 普工	(1) 钢筋； (2) 混凝土； (3) 格栅网； (4) 锚杆	(1) 压力喷枪； (2) 挖掘机	 护坡施工

3. 现浇管廊施工

工艺流程图	作业内容	主要施工工序	主要资源投入			附图
			人员	材料	机具、机械	
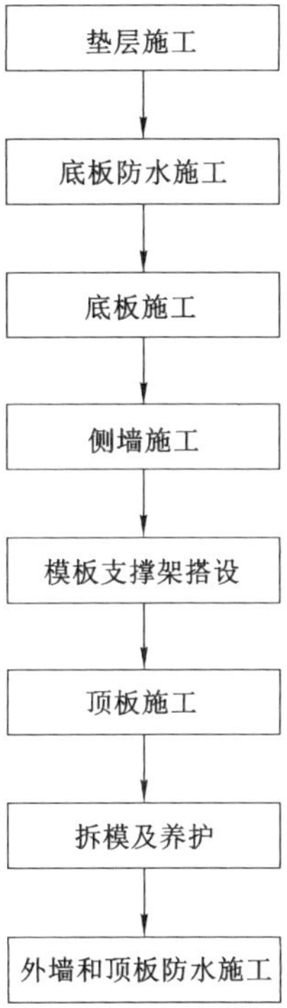	垫层施工	(1)验槽； (2)级配碎石层施工； (3)混凝土浇筑	(1)混凝土搅拌运输车司机； (2)混凝土泵车司机； (3)混凝土工	(1)级配碎石； (2)混凝土	(1)混凝土搅拌运输车； (2)混凝土泵车	 垫层施工
	底板防水施工	(1)基层清理； (2)防水层施工； (3)防水保护层施工	(1)防水工； (2)混凝土搅拌运输车司机； (3)混凝土泵车司机； (4)混凝土工	(1)防水卷材； (2)液化石油气； (3)混凝土； (4)防水保护层材料	(1)液化气喷枪； (2)混凝土搅拌运输车； (3)混凝土泵车	 底板防水施工

续表

工艺流程图	作业内容	主要施工工序	主要资源投入			附图
			人员	材料	机具、机械	
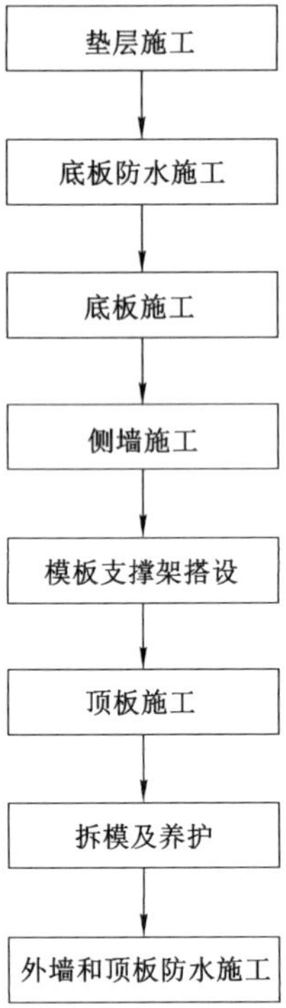	底板施工	(1) 测量放线； (2) 底板钢筋绑扎； (3) 预埋件安装； (4) 底板侧模及角模安装； (5) 混凝土浇筑； (6) 拆模及养护	(1) 测量员； (2) 起重机司机； (3) 司索工； (4) 信号工； (5) 钢筋工； (6) 电工； (7) 电焊工； (8) 木工； (9) 混凝土搅拌运输车司机； (10) 混凝土泵车司机； (11) 混凝土工	(1) 钢筋及配套零件； (2) 预埋件； (3) 止水带； (4) 模板及配套零件； (5) 混凝土； (6) 土工布； (7) 水管	(1) 全站仪、水准仪、经纬仪； (2) 汽车式起重机； (3) 模板切割机； (4) 电焊机； (5) 混凝土搅拌运输车； (6) 混凝土泵车； (7) 振捣棒	 底板施工
	侧墙施工	(1) 施工缝凿毛清理； (2) 侧墙钢筋绑扎； (3) 预埋件安装； (4) 侧墙模板安装	(1) 钢筋工； (2) 电工； (3) 电焊工； (4) 木工； (5) 普工	(1) 钢筋及配套零件； (2) 预埋件； (3) 模板及配套零件； (4) 脱模剂	(1) 汽车式起重机； (2) 电焊机； (3) 模板切割机	 侧墙施工

续表

工艺流程图	作业内容	主要施工工序	主要资源投入			附图
			人员	材料	机具、机械	
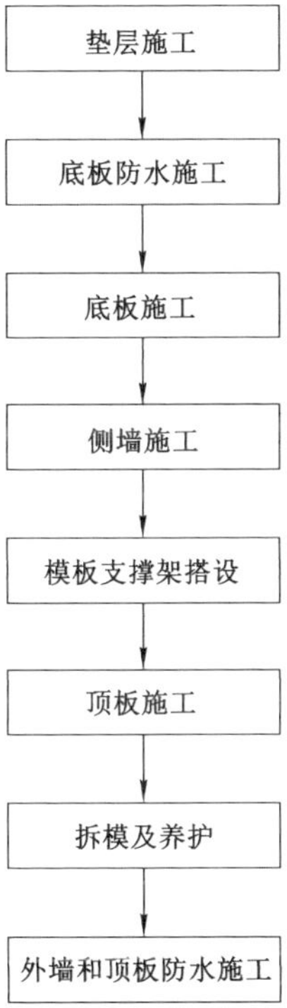	模板支撑架搭设	(1) 脚手架材料吊装; (2) 支撑架搭设; (3) 顶托内钢管铺设	(1) 架子工; (2) 起重机司机; (3) 司索工; (4) 信号工	脚手架材料	汽车式起重机	 模板支撑架搭设
	顶板施工	(1) 顶板底模铺设; (2) 顶板钢筋绑扎; (3) 预埋件安装; (4) 侧墙、顶板混凝土浇筑	(1) 起重机司机; (2) 司索工; (3) 信号工; (4) 木工 (5) 钢筋工; (6) 电工; (7) 电焊工; (8) 混凝土搅拌运输车司机; (9) 混凝土泵车司机; (10) 混凝土工	(1) 模板及配套零件; (2) 脱模剂; (3) 钢筋及配套零件; (4) 预埋件; (5) 混凝土; (6) 土工布	(1) 汽车式起重机; (2) 模板切割机; (3) 电焊机; (4) 混凝土搅拌运输车; (5) 混凝土泵车; (6) 振捣棒	 顶板施工

续表

工艺流程图	作业内容	主要施工工序	主要资源投入			附图
			人员	材料	机具、机械	
垫层施工→底板防水施工→底板施工→侧墙施工→模板支撑架搭设→顶板施工→拆模及养护→外墙和顶板防水施工	拆模及养护	(1) 侧墙模板拆除； (2) 顶板模板拆除； (3) 支撑架拆除； (4) 材料清理	(1) 起重机司机； (2) 司索工； (3) 信号工； (4) 木工； (5) 架子工	土工布	汽车式起重机	 顶板养护
	外墙和顶板防水施工	(1) 基层清理； (2) 防水层施工； (3) 防水保护层施工	(1) 防水工； (2) 混凝土搅拌运输车司机； (3) 混凝土泵车司机； (4) 混凝土工	(1) 防水卷材； (2) 液化石油气； (3) 混凝土	(1) 混凝土搅拌运输车； (2) 混凝土泵车； (3) 液化气喷枪； (4) 振捣棒	 顶板防水施工

4．预制叠合板式拼装管廊

工艺流程图	作业内容	主要施工工序	主要资源投入			附图
			人员	材料	机具、机械	
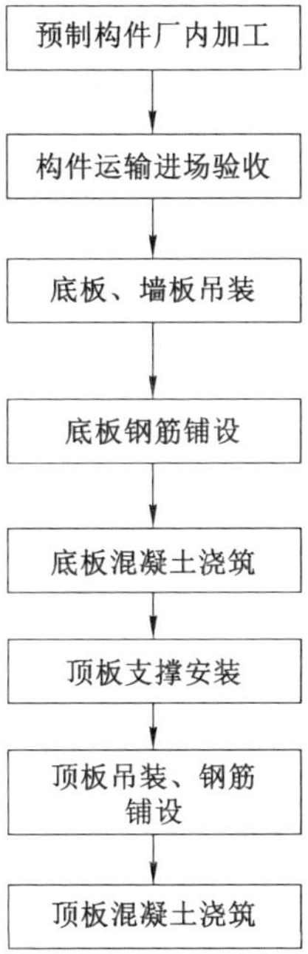	预制构件厂内加工	(1) 钢筋绑扎； (2) 混凝土浇筑； (3) 养护	(1) 钢筋工； (2) 混凝土工	(1) 钢筋及配套零件； (2) 混凝土	(1) 混凝土搅拌运输车； (2) 混凝土泵车	 预制构件厂内加工
	构件运输进场验收	(1) 构件运输； (2) 构件卸货堆放	(1) 司索工； (2) 信号工； (3) 起重机司机； (4) 构件运输车司机	—	(1) 汽车式起重机； (2) 构件运输车	 构件运输
	底板、墙板吊装	(1) 测量放线； (2) 构件转运； (3) 底板吊装； (4) 侧墙吊装及临时固定	(1) 司索工； (2) 信号工； (3) 起重机司机； (4) 构件装配工	—	汽车式起重机	 墙板安装

续表

工艺流程图	作业内容	主要施工工序	主要资源投入			附图
			人员	材料	机具、机械	
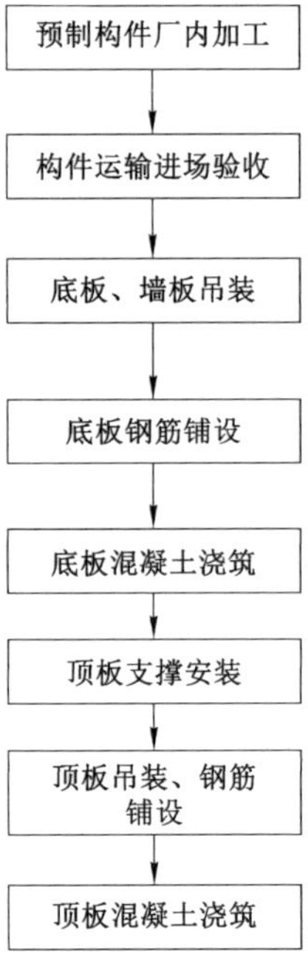	底板混凝土浇筑	(1)预埋件及负弯矩钢筋绑扎； (2)杂物清理； (3)混凝土浇筑及养护	(1)钢筋工； (2)混凝土工	(1)钢筋及配套零件； (2)混凝土	(1)混凝土搅拌运输车； (2)混凝土泵车； (3)振捣棒	 底板混凝土浇筑
	顶板支撑安装	(1)托座安装； (2)水平杆、立杆、斜杆安装； (3)可调顶托安装	(1)架子工； (2)司索工； (3)信号工； (4)起重机司机	脚手架材料	汽车式起重机	 顶板支撑

续表

工艺流程图	作业内容	主要施工工序	主要资源投入			附图
			人员	材料	机具、机械	
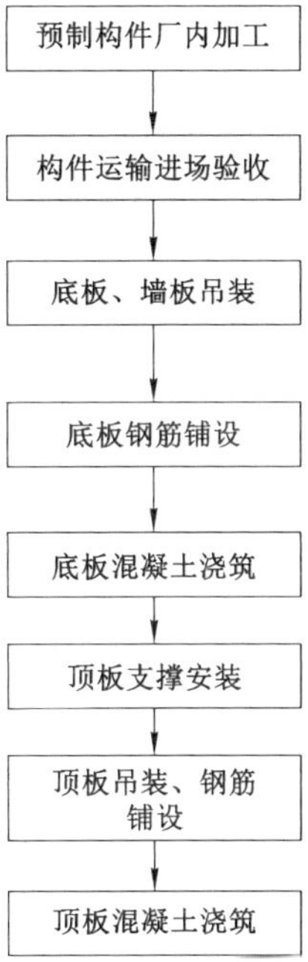	顶板吊装、钢筋铺设	（1）构件场内转运； （2）预埋件及负弯矩钢筋绑扎	（1）司索工； （2）信号工； （3）起重机司机； （4）构件装配工	钢筋	汽车式起重机	 顶板吊装
	顶板混凝土浇筑	（1）杂物清理； （2）混凝土浇筑及养护	（1）混凝土工； （2）混凝土搅拌运输车司机； （3）混凝土泵车司机	混凝土	（1）混凝土搅拌运输车； （2）混凝土泵车； （3）振捣棒	 顶板混凝土浇筑

5. 整节段预制管廊施工

工艺流程图	作业内容	主要施工工序	主要资源投入			附图
			人员	材料	机具、机械	
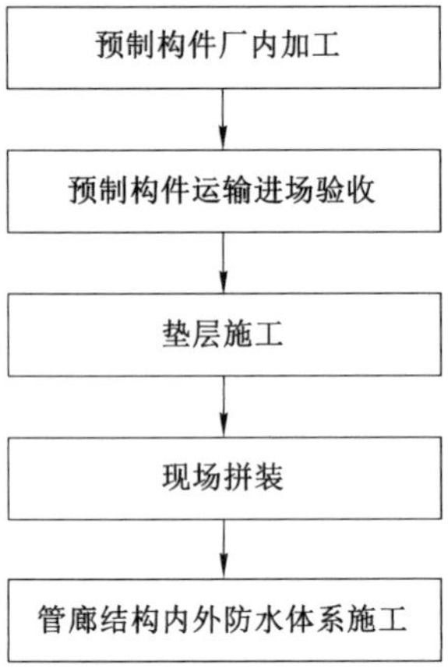	预制构件厂内加工	(1) 钢筋骨架绑扎； (2) 预埋件安装； (3) 钢模涂刷脱模剂； (4) 钢筋骨架入模； (5) 合模； (6) 混凝土浇筑； (7) 钢内模拼装； (8) 养护及脱模	(1) 钢筋工； (2) 电工； (3) 电焊工； (4) 模板工； (5) 起重机司机； (6) 司索工； (7) 信号工； (8) 混凝土工	(1) 钢筋及配套零件； (2) 预埋件； (3) 脱模剂； (4) 预制管廊钢模及配套零件； (5) 混凝土	(1) 汽车式起重机； (2) 门式起重机； (3) 电焊机； (4) 蒸汽养护设备	 预制构件钢模
	预制构件运输进场验收	(1) 构件运输； (2) 构件卸货堆放	(1) 起重机司机； (2) 司索工； (3) 信号工； (4) 构件运输车司机	—	(1) 汽车式起重机； (2) 构件运输车	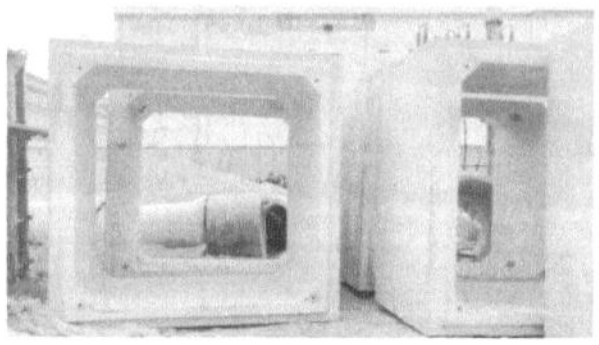 预制构件

续表

工艺流程图	作业内容	主要施工工序	主要资源投入			附图
			人员	材料	机具、机械	
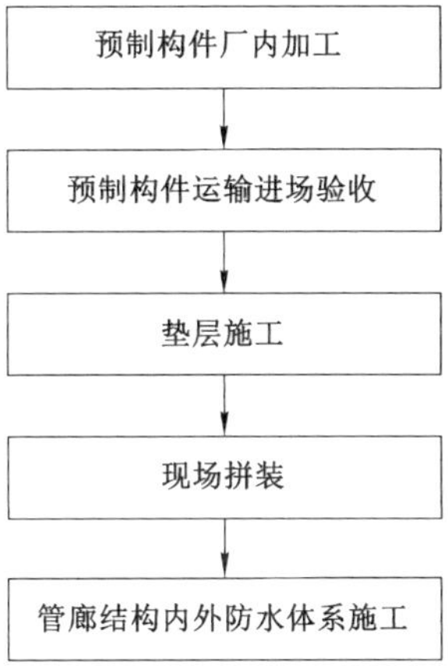	垫层施工	(1)验槽; (2)级配碎石层施工; (3)混凝土浇筑	(1)混凝土搅拌运输车司机; (2)混凝土泵车司机; (3)混凝土工	(1)级配碎石; (2)混凝土	(1)混凝土搅拌运输车; (2)混凝土泵车	 垫层施工
	现场拼装	(1)放线; (2)构件安装定位; (3)接口处防水处理; (4)涂胶拼接; (5)张拉锚固	(1)起重机司机; (2)司索工; (3)信号工; (4)构件运输车司机; (5)构件装配工; (6)张拉操作工	(1)止水带; (2)专用粘胶; (3)钢绞线	(1)构件运输车; (2)汽车式起重机; (3)张拉设备	 现场拼装
	管廊结构内外防水体系施工	(1)企口处多层密封; (2)接缝位置外贴止水带	防水工	(1)防水密封胶; (2)外贴止水带	—	 防水施工

6. 机电安装

工艺流程图	作业内容	主要施工工序	主要资源投入			附图
			人员	材料	机具、机械	
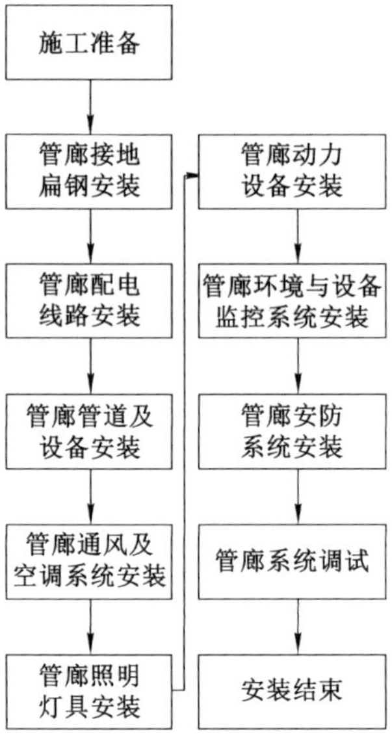	管廊接地扁钢安装	(1)接地点标注； (2)焊接间距复核； (3)焊接搭接倍数复核	(1)电焊工； (2)电工	(1)焊条； (2)接地扁钢	电焊机	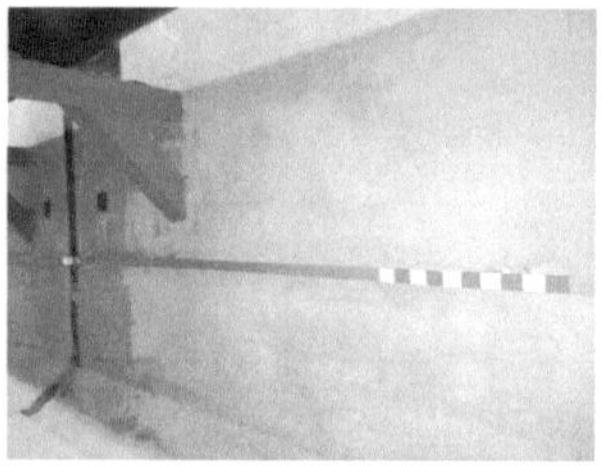 管廊接地扁钢安装
	管廊配电线路安装	(1)系统回路梳理； (2)支托架水平度校核； (3)支托架垂直度校核； (4)线缆敷设	(1)管工； (2)电焊工； (3)电工； (4)测量员； (5)调试员	(1)焊条； (2)管材； (3)成品设备； (4)临时照明灯具； (5)线缆	(1)精密数字表； (2)数字钳形表； (3)兆欧表、数字万用表； (4)相序指示表； (5)接地电阻测量仪； (6)电焊机	 管廊配电线路

续表

工艺流程图	作业内容	主要施工工序	主要资源投入			附图
			人员	材料	机具、机械	
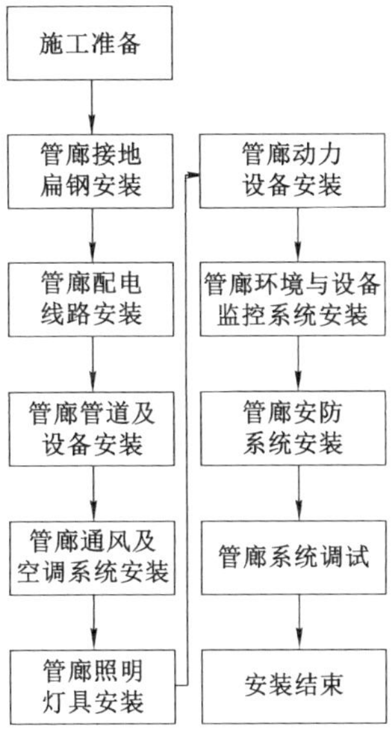	管廊管道及设备安装	(1) 支墩复测； (2) 管道坡度测量； (3) 管材成品抽检复测； (4) 管道安装接口检查； (5) 功能性试验	(1) 管工； (2) 电焊工； (3) 测量员； (4) 调试员	(1) 焊条； (2) 管材； (3) 成品设备； (4) 临时照明灯具； (5) 线缆	(1) 测量仪器； (2) 扳手； (3) 电焊机； (4) 液压弯管机； (5) 电动套丝机； (6) 手动液压搬运车	 管廊管道
	管廊通风及空调系统安装	(1) 成品及材料复检； (2) 通风区域划分； (3) 通风管道支架安装； (4) 通风设备安装； (5) 通风管道安装； (6) 功能性试验	(1) 管工； (2) 电焊工； (3) 测量员； (4) 调试员	(1) 焊条； (2) 管材； (3) 成品设备； (4) 照明灯具； (5) 线缆	(1) 汽车式起重机； (2) 板车； (3) 自卸车； (4) 手动液压搬运车； (5) 压边机； (6) 电焊机	 管廊通风及空调系统
	管廊照明灯具安装	(1) 灯具进场检验； (2) 灯具试亮； (3) 灯具安装； (4) 绝缘摇测； (5) 通电试验	(1) 电工； (2) 调试员	(1) LED灯具； (2) 接地材料； (3) 固定支架； (4) 线缆	(1) 兆欧表、数字万用表； (2) 相序指示表； (3) 扳手	 管廊照明灯具

续表

<table>
<tr><th rowspan="2">工艺流程图</th><th rowspan="2">作业内容</th><th rowspan="2">主要施工工序</th><th colspan="3">主要资源投入</th><th rowspan="2">附图</th></tr>
<tr><th>人员</th><th>材料</th><th>机具、机械</th></tr>
<tr><td rowspan="2">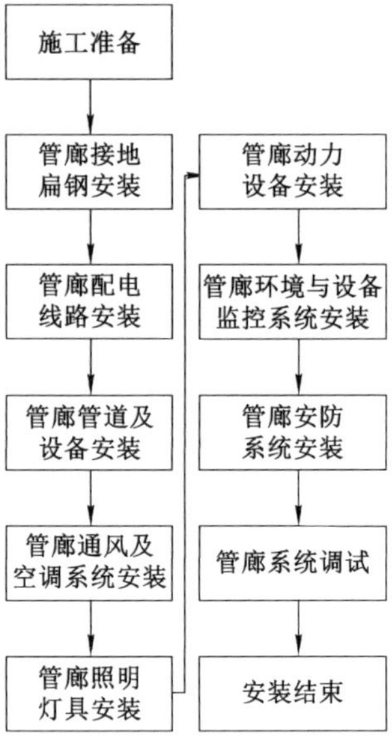</td><td>管廊动力设备安装</td><td>(1)设备位置标注；
(2)高、低压设备的“强制性试验”；
(3)盘柜尺寸的核查；
(4)通电试验</td><td>(1)电工；
(2)测量员；
(3)调试员</td><td>(1)成品设备；
(2)照明灯具；
(3)线缆</td><td>(1)液压叉车；
(2)千斤顶</td><td>
管廊动力设备</td></tr>
<tr><td>管廊环境与设备监控系统安装</td><td>(1)设备位置标注；
(2)弱电设备的“强制性试验”；
(3)防电磁干扰措施设置</td><td>(1)电工；
(2)调试员</td><td>(1)成品设备；
(2)线缆</td><td>(1)电动冲击钻；
(2)兆欧表、数字万用表</td><td>
温、湿度监控</td></tr>
</table>

续表

工艺流程图	作业内容	主要施工工序	主要资源投入			附图
			人员	材料	机具、机械	
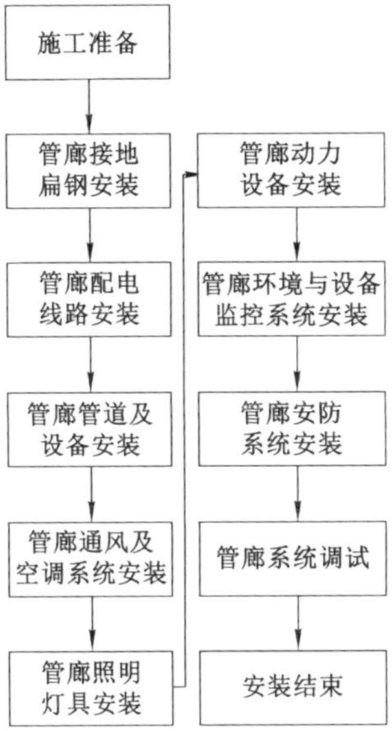	管廊安防系统安装	(1) 设备位置标注; (2) 弱电设备的"强制性试验"; (3) 防电磁干扰措施设置	(1) 电工; (2) 调试员	(1) 成品设备; (2) 线缆	(1) 电动冲击钻; (2) 兆欧表、数字万用表	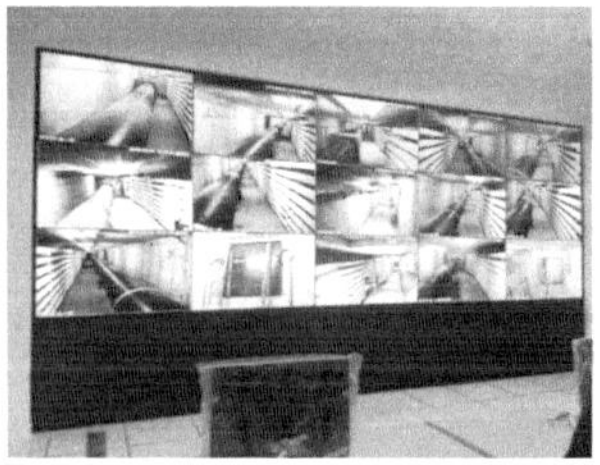 管廊安防系统
	管廊系统调试	(1) 各单体系统的梳理及试车; (2) 联合空载试车; (3) 带负荷试车考核	调试员	—	(1) 精密数字表; (2) 数字钳形表; (3) 兆欧表、数字万用表; (4) 相序指示表	 管廊机电设施

二、分部分项工程常见风险及管控措施

（一）交通导行施工

序号	风险点	风险分析	管控措施	相关图例
1	围挡施工	管廊工程施工作业前，需对施工现场进行围蔽，防止无关人员未经允许闯入施工现场发生伤害事故，施工中应注意防范以下风险： （1）围挡材料不符合要求。 （2）围挡斜撑、立杆等未按方案进行施工。 （3）恶劣天气应对措施不到位。 （4）主要路口未设置透视围挡。 （5）围挡端部未粘贴反光警示条，未安装夜间警示灯。 （6）围挡安全巡查维护不到位	（1）编制围挡专项施工方案，并进行审批及交底。 （2）围挡材料进场时项目部应进行验收，验收合格后方可安装。 （3）对围挡应按照方案施工，对斜撑、立杆等主要部位还应进行检查，验收合格后方可使用。 （4）遇恶劣天气时对围挡采取有效的加固措施。 （5）主要路口应设置透视围挡，保证视野通透。 （6）围挡应设置反光警示条或安装夜间警示灯，并不定期进行巡查。 （7）派专人对围挡进行日常巡查，发现问题及时修复	 施工区域封闭围挡  主要路口设置透视围挡

续表

<table>
<tr><th>序号</th><th>风险点</th><th>风险分析</th><th>管控措施</th><th>相关图例</th></tr>
<tr><td>2</td><td>长期占道交通导行</td><td>管廊工程施工中可能在原有道路进行开挖，需在一定工期范围内占用原有道路，为防止发生伤害事故，施工中应注意防范以下风险：
(1) 疏解道路宽度、路况不满足导行要求。
(2) 交通导行标志牌不清晰，关键部位未设置安全防护栏杆。
(3) 上下班高峰期未设置交通协管员</td><td>(1) 编制交通导行方案，通过当地交管部门审批，并提前一周公示。
(2) 疏解道路应按方案施工，并设置相应导向、警示、限速等标志牌，夜间警示灯，安全防护栏杆等隔离设施。
(3) 上下班高峰期应在主要路口设置交通协管员</td><td>

长期占道施工公示牌</td></tr>
<tr><td>3</td><td>短时占道交通导行</td><td>管廊工程施工中受施工场地限制，部分机械无法在场内作业，或者需在围蔽区域外进行临时作业，需短时占用原有道路，为防止发生伤害事故，施工中应注意防范以下风险：
(1) 未按照交通导行方案设置警示标志。
(2) 未对夜间警示灯进行定期维护检查，导致夜间警示灯失去作用</td><td>(1) 按照交通导行方案设置警示标志，保证施工车辆及社会车辆安全通行。
(2) 对夜间警示灯进行定期维护检查，保证夜间警示灯正常使用</td><td>
短时占道施工
警示标志</td></tr>
</table>

（二）桩基工程

序号	风险点	风险分析	管控措施	相关图例
1	灌注桩钻孔作业	灌注桩钻孔过程中，为防止物体打击、机械伤害、高处坠落、淹溺、塌孔等伤害事故，施工中应注意防范以下风险： (1) 桩基工程无施工方案或施工方案未经审批。 (2) 方案及操作规程交底未落实到位。 (3) 桩机的地基不平或承载力不够。 (4) 桩孔未设置洞口防护栏杆及警示灯。 (5) 钻进过程中泥浆配比控制有误。 (6) 清孔后长时间放置才进行混凝土灌注	(1) 桩基工程施工前编制施工方案，经审批后方可施工。 (2) 对所有作业人员进行安全交底。 (3) 机械进场及时验收、报验。 (4) 作业面地基应平整、坚实，满足桩机正常工作要求，若承载力不够应进行处理或采取相应措施。 (5) 机械行走路线应满足机械移动要求。 (6) 桩孔应加盖防护，四周设防护栏杆及明显的警示标志，夜间应悬挂警示灯。 (7) 钻进过程中严格控制泥浆比重，按规范要求施工。 (8) 清孔后及时进行混凝土灌注。 (9) 桩完成后应及时回填	 旋挖桩机施工 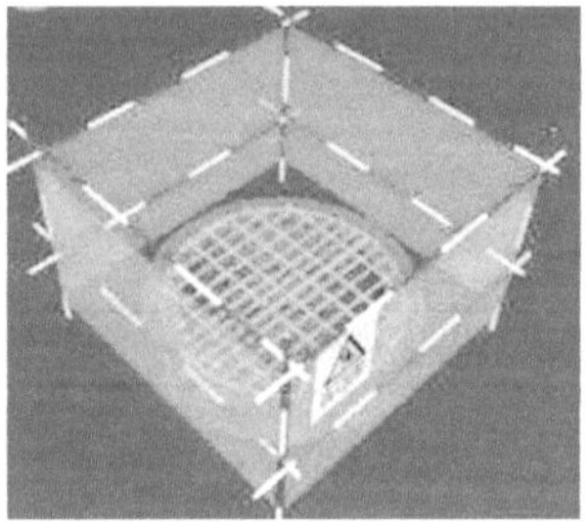 桩孔防护

续表

序号	风险点	风险分析	管控措施	相关图例
2	灌注桩钢筋笼吊装作业	灌注桩施工过程中，需要吊装钢筋笼，为防止发生起重伤害、物体打击事故，施工中应注意防范以下风险： (1) 起重机的地基不平或承载力不够。 (2) 起重机作业前支腿伸出不到位，起重机未调平。 (3) 吊装作业前无专项施工方案，吊装过程中超工况、超载等违规作业。 (4) 吊索具如钢丝绳、卡环不符合要求。 (5) 起重机吊钩上无防脱落装置。 (6) 散装物件未采用专用的吊笼。 (7) 未设置警戒区域。 (8) 未设置专职司索工。 (9) 钢筋笼吊点设置不合理或钢筋笼吊点焊接不牢固	(1) 作业面地基应平整、坚实，满足起重机正常工作要求，若承载力不够应进行处理或采取相应措施。 (2) 起重机作业前应伸出全部支腿，并采用方木或铁板垫实，调整水平度。 (3) 作业前应编制专项施工方案，审批通过后进行交底。 (4) 机械进场及时验收、报验。 (5) 起重吊装设备符合建筑起重机械管理要求。 (6) 易散落物件应采用专用吊笼进行吊装。 (7) 吊装作业期间，应设置警戒区域，并安排专人监护，严禁无关人员进入作业区。 (8) 吊装作业应设专职司索工。 (9) 钢筋笼起吊前对吊挂系统、吊具、吊点焊接的质量检查签证	 钢筋笼吊装作业

续表

序号	风险点	风险分析	管控措施	相关图例
3	预制桩堆放	预制桩堆放过程中，为防止发生物体打击事故，施工中应注意防范以下风险： (1) 堆放场地不平整或地基承载力不够，导致地基不均匀沉降，预制桩滑落。 (2) 堆放层数过高导致预制桩滑落。 (3) 未放置垫木，垫木放置少或垫木质量差导致预制桩滑落	(1) 堆放场地应平整坚实，排水条件良好。 (2) 应按不同规格、长度及施工流水顺序分类堆放，当场地条件允许时，宜单层堆放。当叠层堆放时，外径为 500～600 mm 的桩不宜超过 4 层，外径为 300～400 mm 的桩不宜超过 5 层。 (3) 堆放时应采取支垫措施，支垫材料宜选用长方木或枕木，不得使用有棱角的金属构件。叠层堆放桩时，应在垂直于桩长度方向的地面上设置 2 道垫木，垫木应分别位于距桩端 1/5 桩长处；底层最外缘的桩应在垫木处用木楔塞紧	 预制桩堆放
4	预制桩吊装作业	预制桩吊装过程中，为防止发生起重伤害事故，施工中应注意防范以下风险： (1) 钢丝绳断裂、脱钩，导致桩体脱落。 (2) 偏心吊桩或强行拉桩。 (3) 因地基原因或设备起重量不足导致机械倾倒。 (4) 吊装作业期间，机械司机视野盲区内有人员移动	(1) 预制桩在吊装过程中应轻吊轻放，严禁碰撞、滚落。 (2) 起重吊装设备符合建筑起重机械管理要求。 (3) 预制桩的吊运满足设计吊点要求，严禁拖拉移桩。 (4) 吊装作业期间，应设置警戒区域，并安排专人监护，严禁无关人员进入作业区	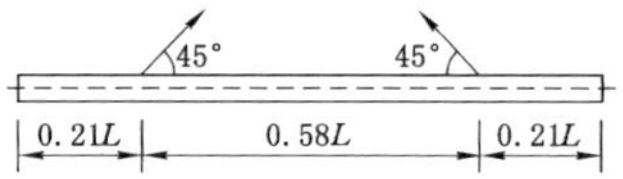 L(长度)不大于 15 m 的预制桩吊点位置示意图 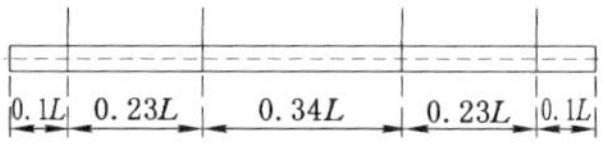 L(长度)大于 15 m 且小于 30 m 的预制桩吊点位置示意图

续表

序号	风险点	风险分析	管控措施	相关图例
5	预制桩桩机作业	预制桩施工过程中，为防止发生机械伤害、触电、物体打击事故，施工中应注意防范以下风险： (1) 操作工人不熟悉安装、操作流程。 (2) 各部机件存在老化或损坏严重情况。 (3) 未佩戴相应劳动保护用品。 (4) 作业区域人员随意穿行或操作人员酗酒、特殊天气作业。 (5) 作业完机械设备操作挡处于工作状态或未复原。 (6) 非电工人员私自接电或打桩作业时进行维修保养。 (7) 施工前未收集相应地下管线等资料。 (8) 地下管线资料与实际情况不符。 (9) 沉桩时周围土体被挤压发生侧向位移或隆起，导致邻近管线或建(构)筑物产生侧向位移或上浮。 (10) 夜间未配备足够照明	(1) 作业前，工长要向班组进行全面交底，并有交底手续。 (2) 装拆前应详细检查各部机件是否安全可靠。 (3) 安拆机架时，底盘应放在平坦坚实的地面上，重大机件应运到距机身 2 m 范围内，避免斜拉。 (4) 正确使用个人防护用品和采取安全防护措施，进入施工现场，必须戴安全帽，严禁穿拖鞋。 (5) 压桩时非作业人员应距桩机 10 m 以外。起重机作业时，起重臂下严禁站人。 (6) 桩机符合大型机械设备管理要求。 (7) 调查施工场地及毗邻区域内的上空、地下和地上管线、建(构)筑物及障碍物，判断可能影响施工或受施工影响的范围和程度，采取相应的安全技术措施。 (8) 施工前仔细核对地下管线或建(构)筑物资料，发现异常时立即停止施工。 (9) 在邻近管线或建(构)筑物周围开挖时，应严格控制沉桩速度，减少挤土效应，施工时要随时观测，确保周围建(构)筑物及管线安全。 (10) 现场配备足够照明灯具，满足施工需要	 施工机械进场联合验收  静压桩机施工

续表

序号	风险点	风险分析	管控措施	相关图例
6	钢板桩施工	钢板桩施工过程中，为防止发生车辆伤害、物体打击、起重伤害事故，施工中应注意防范以下风险： （1）未对全员进行安全技术交底。 （2）操作人员无证上岗。 （3）未设置警戒区域，无人监护。 （4）施工时，未按要求设置防滑链。 （5）机械未按要求进行定期维修保养，带病作业。 （6）拔桩时未使用起重机配合起吊	（1）编制专项施工方案，按规定对施工现场管理人员和施工作业人员进行安全技术交底。 （2）钢板桩进场应联合验收。 （3）选用有资质的队伍及人员，对作业人员进行安全教育、考核。 （4）作业期间，应设置警戒区域，并设专人监护。 （5）钢板桩桩机符合大型机械设备管理要求。 （6）起重吊装设备符合建筑起重机械管理要求。 （7）振出的钢板桩及时吊出，起吊点必须在桩长1/3以上部位。 （8）拔桩过程中，随时观察起重机尾部翘起情况，防止倾覆。 （9）在地下管线附近拔桩时，必须对管线进行保护，机械不得在上面作业	 钢板桩施工
7	高压线下桩机施工	高压线下桩机施工过程中，为防止发生触电等事故，施工中应注意防范以下风险： （1）未编制专项施工方案。 （2）施工期间未安排专人指挥看管。 （3）施工设备高度超限或设备与架空线路边线安全距离不足。 （4）吊装用钢丝绳断裂、反弹，引起触电事故	（1）编制专项施工方案，审批通过后进行交底，现场严格按照方案实施。 （2）施工期间安排专人指挥看管。 （3）严格执行施工设备进场验收制度，对设备高度进行控制，使得作业设备与架空线路边线的最小安全距离满足规范要求。 （4）对钢丝绳进行受力计算，不定期检查外观情况，不合格及时更换	 高压线下桩机施工示意图

（三）基坑工程

序号	风险点	风险分析	管控措施	相关图例
1	基坑开挖施工	基坑开挖施工过程中，为防止发生高处坠落、车辆伤害、坍塌等事故，施工中应注意防范以下风险： （1）未对全员进行安全技术交底。 （2）开挖深度超过 2 m 时，未按要求设置临边防护栏杆。 （3）挖掘机作业时，无专人指挥。 （4）多台挖掘机作业时，未设置有效安全作业范围。 （5）基坑两侧未设置截、排水沟。 （6）夜间施工无照明。	（1）编制专项施工方案并按要求进行专家论证，按规定对施工现场管理人员及作业人员进行安全技术交底。 （2）严格按经审批的方案组织施工。 （3）选用有资质的队伍及人员，对作业人员进行安全教育、培训考核。 （4）开挖深度超过 2 m 时，按要求设置临边防护栏杆。 （5）对机械设备、安全设施设备、临边防护检查验收。 （6）挖掘机作业时，设置专人指挥。 （7）多台挖掘机作业时，设置有效安全作业范围。 （8）基坑安全距离内禁止堆放土方、重物及停放重型机械。 （9）基坑两侧设置截、排水沟。 （10）夜间施工保证充足照明。 （11）设置防护设施及警示标志。 （12）落实安全检查、巡查要求，及时整改安全隐患。 （13）编制应急救援预案，定期组织演练	 基坑边设置标准化护栏、警示标志、反光立柱  基坑边设置截、排水沟  设置标准化上下通道

续表

序号	风险点	风险分析	管控措施	相关图例
2	基坑支护施工	基坑支护施工过程中，为防止发生物体打击、起重伤害、高处坠落、坍塌等事故，施工中应注意防范以下风险： (1) 施工前未对施工材料等进行验收。 (2) 自然放坡的基坑坡率不符合要求。 (3) 施工时提前开挖或超挖。	(1) 基坑支护使用时间超过设计使用年限时应进行基坑安全评估，必要时应采取加固措施。 (2) 实施前，项目经理应组织工程、技术、安全、设备、物资等部门负责人员，对专项施工方案、施工材料、设备机具、现场周边环境、安全防护和安全警示标志等进行验收，填写危大工程施工条件验收表。 (3) 基坑施工应按设计规定的顺序和参数进行开挖和支护，并应分层、分段、限时、均衡开挖。 (4) 自然放坡的基坑，其坡率应符合设计要求和现行行业标准《建筑施工土石方工程安全技术规范》(JGJ 180—2009)的规定。 (5) 采取支护措施的基坑，应按设计规定的支护方式及时进行支护。支护结构施工前应进行试验性施工，并应将试验结果反馈设计单位，以及时调整设计方案、施工方法。 (6) 施工时，应在混凝土达到设计要求的强度，并对钢支撑按设计要求施加预应力后，才能开挖下层土方，严禁提前开挖和超挖。 (7) 施工过程中，严禁设备或重物碰撞支撑、腰梁等基坑支护结构，亦不得在基坑支护结构上放置或悬挂重物。 (8) 拆除支护结构时应按基坑回填顺序自下而上逐层拆除，随拆随填，必要时应采取加固措施。	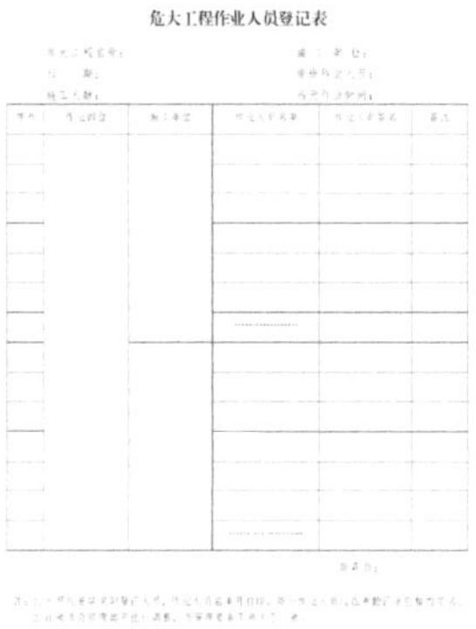 危大工程作业人员登记

续表

序号	风险点	风险分析	管控措施	相关图例
2	基坑支护施工	(4) 内支撑拆撑、换撑顺序不满足要求。 (5) 施工时未对基坑及周边环境实施监测。 (6) 开挖及支护完成后,未及时进行后续作业。	(9) 基坑支护采用内支撑时,应按先撑后挖、先托后拆的顺序施工,拆撑、换撑顺序应满足设计工况要求,并应结合现场支护结构内力和变形的监测结果进行,内支撑应在坑内梁、板、柱结构及换撑结构混凝土达到设计要求的强度后对称拆除。 (10) 当基坑下部的承压水影响基坑安全时,应采取坑底土体加固或降低承压水头等治理措施。 (11) 基坑施工时应收集天气预报资料,遇降雨时间较长、降雨量较大时,应提前对已开挖未支护基坑的侧壁采取覆盖措施,并应及时排除基坑内积水。 (12) 基坑开挖、支护及坑内作业过程中,应按现行国家标准《建筑基坑工程监测技术标准》(GB 50497—2019)的规定实施监测,并应定期对基坑及周边环境进行巡视,发现异常情况应及时采取措施。 (13) 基坑开挖及支护完成后,应及时进行地下结构和安装工程施工,在施工过程中,应随时检查坑壁的稳定情况,基坑底部应满铺垫层,贴紧围护结构。	 深基坑钢支撑支护结构

续表

序号	风险点	风险分析	管控措施	相关图例
2	基坑支护施工	(7) 施工中安全措施不到位。 (8) 夜间施工无照明	(14) 基坑支护中应注意的安全措施： ① 基坑施工期间应指定专人负责基坑周围地面变化情况的巡查，如发现裂缝或塌陷，应及时加以分析和处理； ② 坑壁渗水、漏水应及时排除，防止因长期渗漏而使土体破坏，造成挡土结构受损； ③ 对拉锚杆件、紧固件及锚桩，应定期进行检查，对滑楔内土方及地面应加强检查和处理； ④ 挖土期间，应注意挡土结构的完整性和有效性，不允许因土方的开挖而遭受破坏； ⑤ 喷射混凝土和注浆人员应按规定佩戴防护用品，禁止裸露身体作业。 (15) 落实夜间施工管理要求	 基坑内设置集水坑降水

（四）模板工程及支撑体系

序号	风险点	风险分析	管控措施	相关图例
1	模板工程施工准备	模板工程及支撑体系施工前，为防止施工准备不足发生各类安全事故，应注意防范以下风险： （1）未编制专项施工方案，未按要求进行专家论证。 （2）专项施工方案未交底或交底不全。 （3）施工队伍、人员资质不符合要求。 （4）未对作业人员进行安全教育及安全技术交底。 （5）施工设备进场未经验收合格即投入使用。 （6）构配件未经有资质的检测机构检测合格即投入使用。 （7）无应急救援预案及应急措施	（1）编制专项施工方案并按要求进行专家论证，同时按规定对施工现场管理人员及作业人员进行安全技术交底。 （2）选用有资质的施工队伍、人员。 （3）对作业人员进行安全教育、培训考核，并组织开展安全技术交底。 （4）施工设备进场由施工负责人组织验收，验收合格方可使用。 （5）模板支撑架构配件进场应进行验收，构配件及材质应符合专项施工方案及相关标准的规定，不得使用严重锈蚀、变形、断裂、脱焊的钢管或型钢，亦不得使用竹、木材和钢材混搭的结构，所采用的扣件应进行复试。 （6）所用构配件必须经有资质的检测机构检测合格后方可使用。 （7）编制应急救援预案，配备应急救援物资，定期组织演练	 方案交底

续表

序号	风险点	风险分析	管控措施	相关图例
2	模板工程施工	模板工程及支撑体系施工过程中，为防止发生架体倒塌、触电、高处坠落、物体打击等事故，施工中应注意防范以下风险： (1) 施工期间无人监护，无上下通道。 (2) 模板支撑架上私拉电缆线，现场未配置灭火器。 (3) 未按照方案规定搭拆模板支撑架。	(1) 严格按照通过审批的方案组织施工。 (2) 配发的工器具和劳动防护用品应符合岗位要求。 (3) 搭设架体人员须穿戴好个人防护用品(如安全带、安全帽、工作鞋等)。 (4) 搭、拆期间设置警戒区域，有专职安全生产管理人员现场监督。 (5) 现场严禁私拉电缆线，消防重点部位应配备灭火器。 (6) 模板支撑架应根据施工过程中的各种工况进行设计，应具有足够的承载力、刚度和稳定性。施工过程中，模板支撑架应符合下列规定： ① 立杆地基应坚实、平整，地基基础应有排水措施，不应有积水，并应加设满足承载力要求的垫板； ② 立杆间距、水平杆步距应符合专项施工方案的要求； ③ 扫地杆离地间距、立杆伸出顶层水平杆中心线至支撑点的长度应符合相关标准的规定； ④ 水平杆应按步距沿纵向和横向通长连续设置，不得缺失。在立杆底部应设置纵向和横向扫地杆，水平杆和扫地杆应与相邻立杆连接牢固；	 临边设置钢管硬防护

续表

序号	风险点	风险分析	管控措施	相关图例
2	模板工程施工	(4) 支撑架未组织验收即投入使用。 (5) 支撑架与设备、设施连接。 (6) 竖向模板失稳。	⑤ 架体应均匀、对称设置剪刀撑或斜撑杆、交叉拉杆,并应与架体连接牢固,连成整体,其设置跨度、间距应符合相关标准的规定; ⑥ 顶部施工荷载应通过可调托撑向立杆轴心传力,可调托撑伸出顶层水平杆的悬臂长度应符合相关标准要求,插入立杆长度不应小于 150 mm,螺杆外径与立杆钢管内径的间隙不应大于 3 mm; ⑦ 支撑架高宽比超过 3 时,应采取将架体与既有结构连接、扩大架体平面尺寸或对称设置缆风绳等加强措施。 (7) 支撑架的地基基础、架体结构应根据方案及相关标准的规定进行验收,验收合格后方可投入使用。 (8) 支撑架严禁与施工起重设备、施工脚手架等设备、设施连接。 (9) 支撑架使用期间,严禁擅自拆除架体构配件。 (10) 模板作业层应在显著位置设置限载标志,注明限载数值,施工荷载不得超过设计允许荷载。 (11) 大模板竖向放置应保证风荷载作用下的自身稳定性,同时应采取辅助安全措施。 (12) 竖向模板应在吊装就位后及时进行拼接、对拉紧固,并应设置侧向支撑或缆风绳等确保模板稳固。	 架体示意图

续表

序号	风险点	风险分析	管控措施	相关图例
2	模板工程施工	(7) 混凝土浇筑不均匀，造成模板和支撑系统荷载过于集中。 (8) 混凝土强度未达到设计要求强度提前拆模。 (9) 支撑架使用过程中未实时监测。 (10) 模板安装和拆卸时，作业人员无可靠立足点	(13) 每日巡查，严格落实安全防护措施，配备充足应急设施。 (14) 支撑架在使用过程中应实时监测，出现异常或监测数据达到监测报警值时，应立即停止作业，待查明原因并经处理合格后方可继续施工。 (15) 在浇筑混凝土作业时，支撑架下部范围内严禁人员作业、行走或停留。 (16) 混凝土浇筑顺序及支撑架拆除顺序应按专项施工方案的规定进行。 (17) 上下模板支撑架应设置专用攀登通道，不得在连接件和支撑件上攀登，不得在上下同一垂直面上装拆模板。 (18) 模板安装和拆卸时，作业人员应有可靠的立足点，应采取防护措施，并应符合下列规定： ① 在坠落基准面 2 m 及以上高处搭设和拆除柱模板及悬挑结构的模板时，应设置操作平台； ② 支设临空构筑物模板时，应搭设支架或脚手架； ③ 拆模高处作业时，应配置登高用具或搭设支架，按照高处作业要求进行管理。 (19) 当模板上有预留孔洞时，应在模板安装后及时将孔洞覆盖	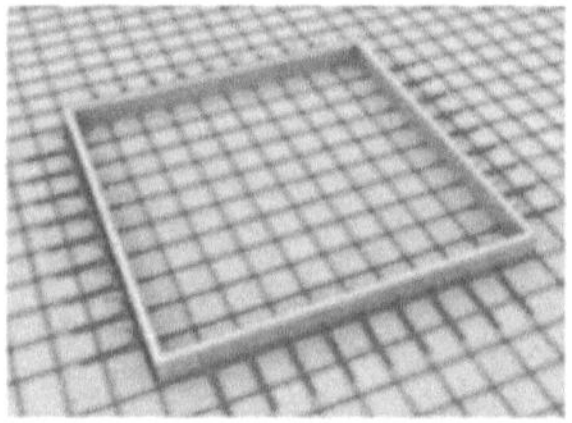 预留孔洞防护示意图

（五）钢筋工程

序号	风险点	风险分析	管控措施	相关图例
1	吊装及绑扎作业	钢筋工程施工过程中，为防止发生起重伤害、高处坠落、物体打击事故，施工中应注意防范以下风险： (1) 未对全员进行安全技术交底。 (2) 管理缺陷，现场作业无人带班。 (3) 作业人员未按要求穿戴安全帽、防砸鞋、防护手套等劳动防护用品。 (4) 离地 2 m 以上进行钢筋绑扎作业时，临边未设置防护。 (5) 吊装钢筋时，下方站人。 (6) 吊装钢筋时，违规采用单点起吊。 (7) 吊装钢筋时，无人指挥	(1) 编制专项施工方案，按规定对施工现场管理人员及作业人员进行安全技术交底。 (2) 严格按经审批的方案组织施工，施工完毕后，应组织联合验收。 (3) 选用有资质的队伍及人员，对作业人员进行安全教育、培训考核。 (4) 强化管理，现场作业应有人带班。 (5) 作业人员正确穿戴劳动防护用品。 (6) 对机械设备、安全设施设备、临边防护检查验收。 (7) 严格遵守起重机械“十不吊”规定。 (8) 作业时，划定危险区域，设置警示标志，作业期间设专人监护，严禁无关人员进入	 联合验收

（六）混凝土工程

序号	风险点	风险分析	管控措施	相关图例
1	混凝土浇筑作业	混凝土浇筑施工过程中，为防止发生起重吊装、高处坠落、物体打击、触电事故，施工中应注意防范以下风险： （1）未对全员进行安全技术交底。 （2）管理缺陷，现场作业无人带班、监护。 （3）顶板、侧墙及二次结构浇筑前临边防护缺失。 （4）混凝土输送管老化、磨损严重，缩径管处无警示标志。 （5）夜间混凝土浇筑时照明不满足施工需求。 （6）电路线缆破损，混凝土浇筑振捣工人不慎触碰	（1）编制专项施工方案，按规定对施工现场管理人员及作业人员进行安全技术交底。 （2）严格按经审批的方案组织施工。 （3）选用有资质的队伍及人员，对作业人员进行安全教育、培训考核。 （4）对机械设备、安全设施设备、临边防护检查验收。 （5）设置防护设施及警示标志。 （6）工作台、踏板、脚手架的承重量，不得超过设计要求，并在现场挂牌标明；脚手架与工作台的木板应铺设严密，木板的端头必须搭在支点上。 （7）吊装模板时应有专人监护。 （8）在 2 m 以上高处作业时，应符合高空作业的有关规定。 （9）检查修理压浆机械及管路时，应停止并切断风源和电源。 （10）拆除混凝土输送软管或管道时，必须停止混凝土泵的运行。 （11）泵车压脚必须支在稳固地面上，并垫好钢板、垫木等。 （12）检查好振捣棒电源线路，保证绝缘完整有效。 （13）夜间作业应提供充足的照明	 混凝土浇筑作业

（七）防水工程

序号	风险点	风险分析	管控措施	相关图例
1	管廊防水卷材施工	防水施工过程中，为防止发生火灾、中毒窒息、高处坠落事故，施工中应注意防范以下风险： （1）未对全员进行安全技术交底。 （2）未按要求采取防护措施。 （3）动火作业无人监护，未清除周围可燃物等，未配置灭火器。 （4）卷材堆放处未配置灭火器。 （5）失效灭火器未及时更换	（1）编制专项施工方案，按规定对施工现场管理人员及作业人员进行安全技术交底。 （2）严格按经审批的方案组织施工。 （3）选用有资质的队伍及人员，对作业人员进行安全教育、考核。 （4）作业区域设置安全设施设备、临边防护及警示标志，做好检查验收。 （5）操作人员应佩戴胶皮手套、防护眼镜、口罩等防护用品。 （6）按要求配备消防器材。 （7）施工用料及防水材料属于可燃物质，在存放材料的料库和施工现场必须严禁烟火，严格控制火源，并设专人看管发放。 （8）通风不好的狭小工作面必须装备通风设备且施工人员戴防护面具方可施工，在封闭的地下、池、井施工时，应加强通风换气。 （9）防水工程中不得采用现行国家标准《职业性接触毒物危害程度分级》(GBZ/T 230—2010)中划分为Ⅲ级(中度危害)及以上毒物的材料。 （10）当配制和使用有毒材料时，现场必须采取通风措施，操作人员必须穿戴防护服、口罩、手套和防护眼镜，严禁有毒材料与皮肤接触和入口。 （11）有毒材料和挥发性材料应密封储存，妥善保管和处理，不得随意倾倒。 （12）使用易燃材料时，应严禁烟火。 （13）热熔防水卷材施工时，现场应配备足够的灭火器，并加强巡查，及时更换失效灭火器。 （14）管廊顶板侧墙施工防水卷材时，应做好防高处坠落防护，按照高处作业要求管理	 防水施工

（八）基坑支撑拆除

序号	风险点	风险分析	管控措施	相关图例
1	基坑支撑拆除作业	基坑支撑拆除施工过程中，为防止发生起重吊装、物体打击、高处坠落、机械伤害等事故，施工中应注意防范以下风险： (1) 未对全员进行安全技术交底。 (2) 吊装过程中脱钩，吊具、钢丝绳、扣件的安全性能没有检查或各项性能、指标不合格。 (3) 千斤顶规格不符合要求。 (4) 拆撑或切割梁时，无人警戒，下方违规站人。 (5) 吊装时，无专人指挥，未设置警戒区域	(1) 编制专项施工方案，按规定对施工现场管理人员及作业人员进行安全技术交底。 (2) 严格按经审批的方案组织施工。 (3) 选用有资质的队伍及人员，对作业人员进行安全教育、培训考核。 (4) 做好施工材料、设备、设施进场验收管理。 (5) 划定作业区域，设置防护设施及警示标志，防止无关人员进入。 (6) 起重吊装设备应符合建筑起重机械管理要求。 (7) 吊装作业期间安排专人监护	 深基坑钢支撑拆除作业

（九）管廊内安装工程

序号	风险点	风险分析	管控措施	相关图例
1	管廊内管线工程、电气工程施工及闭水试验	管廊内安装工程施工过程中，为防止发生触电、高处坠落事故，施工中应注意防范以下风险： （1）未对全员进行安全技术交底。 （2）管廊内部登高作业，违规使用简易木梯。 （3）移动式操作平台无临边防护栏、缺失防倾倒装置。 （4）高处作业未按要求系挂安全带。 （5）管廊内用电私拉乱接，非电工人员违规接电。 （6）闭水试验期间，人员自由出入，无专人值守。 （7）动火作业时，未按要求配备灭火器，无监火人。 （8）管廊内集水井、二次结构通道口未按要求设置防护	（1）编制专项施工方案，按规定对施工现场管理人员及作业人员进行安全技术交底。 （2）严格按经审批的方案组织施工。 （3）选用有资质的队伍及人员，对作业人员进行安全教育、培训考核。 （4）发放符合标准的劳动防护用品，监督作业人员正确穿戴、使用。 （5）对安全设施、设备进行检查验收。 （6）设置防护设施及警示标志，配备灭火器。 （7）电工每日巡查电气线路，落实用电管理要求。 （8）落实动火作业审批制度及管理要求。 （9）管廊出入口设置专人管理，对进出人员进行登记审批。 （10）使用定制化移动式操作平台进行登高作业，防护完好无缺失。 （11）编制应急救援预案，定期组织演练	 应急救援演练

续表

序号	风险点	风险分析	管控措施	相关图例
2	管廊内有限空间作业	管廊内安装工程施工过程中,为防止发生中毒窒息事故,施工中应注意防范以下风险: (1) 未对全员进行安全技术交底。 (2) 有限空间作业未经报备审批擅自进入。 (3) 有限空间作业未配备必要的个人防护用品,未配备气体检测仪、强通风设备。 (4) 有限空间作业出入口处未设置有限空间警示标志。	(1) 进行有限空间作业前,必须办理有限空间作业审批表,同时接受有限空间作业安全技术交底,交底人明确告知施工人员现场有限空间作业分项部位概况、各个分项部位存在的危险源、安全操作规程和应急救援预案,以及个人防护用品、救援器材的正确使用等。 (2) 作业人员进入有限空间前,应首先拟定和掌握紧急情况时的外出路线、方法,有限空间内人员应安排轮换作业。 (3) 有限空间室外出入口处设置有限空间警示标志,防止未经准入人员进入,有限空间作业出入口内外不得有障碍物,应保证其畅通无阻,以便人员出入和抢救疏散。 (4) 管廊上方洞口处应设置"临边洞口,请勿靠近"警示牌,并制作钢筋网片进行封闭,有条件的情况下,出入口应布置标准化梯笼,经项目部和监理单位验收后方可投入使用。 (5) 进入有限空间作业前,监护人及专职安全员必须清点作业人员数量,作业完毕,再次清点作业人员数量,确认人员数量前后一致,封闭出口后方可离开现场。 (6) 有限空间作业期间,施工负责人和专职安全员应加强管控巡查,定期查看监护记录。	 有限空间作业警示告知牌

续表

序号	风险点	风险分析	管控措施	相关图例
2	管廊内有限空间作业	(5) 进入有限空间作业前,未按要求强制通风。 (6) 有限空间作业期间,监护人擅自离岗。 (7) 有限空间内多人合运管道及其他设备时,未安排专人指挥。 (8) 有限空间出入口(主要指管廊施工)吊运管材、设备时,下方违规站人	(7) 在易产生有毒有害气体的狭小或密闭的缺氧空间作业前,应先进行通风或排风,再检测有毒有害气体和氧含量,并应符合下列规定: ① 施工前,应强制送风,且空气中有毒有害气体和氧含量符合要求后方可作业,并应保持空气流通; ② 作业过程中,应监测作业场所空气中氧含量的变化,作业环境空气中氧含量不得小于19.5%; ③ 不得用纯氧进行通风换气。 (8) 在狭小或密闭空间进行电焊、油漆、明火等作业时,应保持空气流通。 (9) 在有限空间内多人合运管道及其他设备时,必须安排专人指挥,保证起、落、停、转动作一致,管道吊装必须一次性吊入支架内,管道在未进入支架内之前,中途不得停留较长时间。 (10) 从有限空间出入口(主要指管廊施工)吊运管材、设备时,有限空间出入口内的下方严禁滞留人员,下方作业人员需要清理管材时,要与上方作业人员打招呼,做到上下呼应,保证安全。 (11) 发生中毒、窒息的紧急情况时,抢救人员必须做好自身防护,正确佩戴、使用合格的呼吸保护器具、救援器材后方可进入作业空间,严禁救援人员在未做好自我防护的情况下进行施救,同时至少留一人在外做监护和联络工作	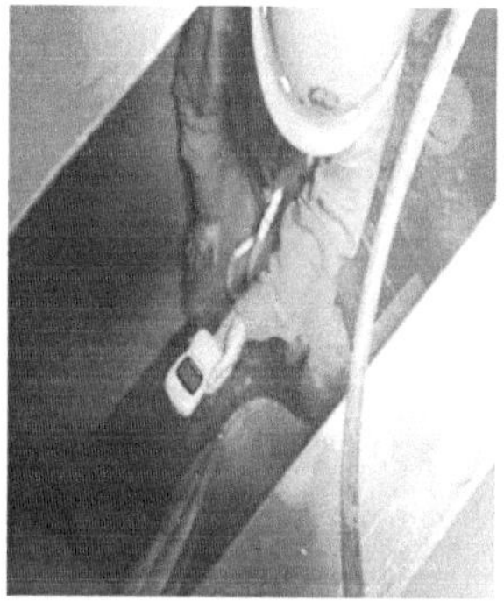 有毒有害气体检测 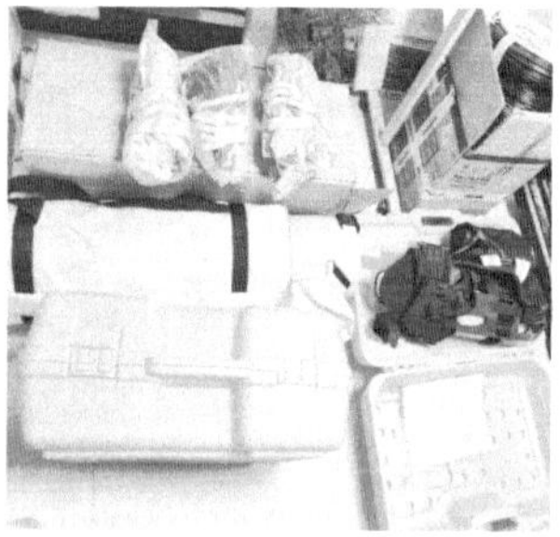 有限空间应急救援装备

三、主要作业类型常见风险及管控措施

（一）高处作业

序号	风险部位(环节)	管控措施	相关图例
1	基坑、洞口等临边防护	(1) 开挖深度超过 2 m 的基坑和基槽的周边、边坡的坡顶或操作平台周边、上下梯道和坡道的周边等临边作业场所，应设置防护栏杆，并应符合下列规定： ① 防护栏杆应由上下两道横杆及立杆组成，上杆离地高度应为 1.2 m，下杆应在上杆和挡脚板中间设置，立杆间距不应大于 2 m，底端应固定牢固； ② 防护栏杆的立杆和横杆的设置、固定及连接，应确保横杆和立杆的任何部位均能承受任何方向 1 kN 的外力作用，当栏杆所处位置有发生人群拥挤、物件碰撞等可能时，应加大横杆截面或加密立杆间距； ③ 栏杆下部应设置高度不小于 180 mm 的挡脚板。 (2) 洞口作业场所应采取防坠落措施，并应符合下列规定： ① 非竖向洞口短边边长或直径为 500～1 500 mm(不含 1 500 mm)时，应采用盖板覆盖或防护栏杆等措施； ② 非竖向洞口短边边长或直径大于或等于 1 500 mm 时，应在洞口作业侧设置防护栏杆，洞口应采用安全平网封闭； ③ 洞口盖板宜采用工具化盖件，盖板应能承受不小于 1 kN 的集中荷载和不小于 2 kN/m² 的均布荷载； ④ 洞口应设置警示标志，夜间应设红灯警示	 基坑临边防护栏杆  悬挂安全警示牌、验收牌

续表

序号	风险部位(环节)	管控措施	相关图例
2	操作平台、上下通道	(1) 操作平台四周应设置防护栏杆,脚手板应铺满、铺稳、铺实、铺平并绑牢或扣紧,严禁出现大于 150 mm 探头板,并应布置登高扶梯;装设轮子的移动式操作平台,轮子与平台的接合处应牢固可靠,并有自锁功能,移动式操作平台移动时,平台上不得站人。 (2) 高处作业应设置专门的上下通道,攀登作业人员应从专门通道上下;上下通道应根据现场情况选用钢斜梯、钢直梯、人行塔梯等,各类梯道安装应牢固可靠,并应符合下列规定: ① 当固定式直梯攀登高度超过 3 m 时,宜加设护笼,当攀登高度超过8 m 时,应设置梯间平台; ② 上下直梯时,人员应面向梯子,且不得手持器物; ③ 同一梯子上不得有两人同时作业; ④ 单梯不得垫高使用,直梯如需接长,接头不得超过一处; ⑤ 使用折梯时,铰链应牢固,并应有可靠的拉撑措施。 (3) 雨天进行高处作业时,应采取防滑措施。 (4) 作业人员严禁沿坑壁、支撑或乘坐运土工具上下基坑,应设置专用斜道、梯道、扶梯、入坑踏步等攀登设施,并应符合下列规定: ① 当设置专用梯道时,梯道应设扶手栏杆,梯道的宽度不应小于 1 m; ② 当采用坡道代替梯道时,应采取加设间距不大于 400 mm 的防滑条等防滑措施	 固定式直梯  定型化上下通道

续表

序号	风险部位(环节)	管控措施	相关图例
3	安全带、安全网	(1) 凡在2 m以上的悬空作业人员,应系挂安全带,安全带及其使用除应符合现行国家标准《坠落防护　安全带》(GB 6095—2021)的规定外,尚应符合下列规定: ① 安全带除应定期检验外,使用前尚应进行检查,织带磨损、灼伤、酸碱腐蚀或出现明显变硬、发脆,以及金属部件磨损出现明显缺陷或受到冲击后发生明显变形的,应及时报废; ② 安全带应高挂低用,并应扣牢在牢固的物体上; ③ 缺少或不易设置安全带吊点的工作场所宜设置安全带母索,安全带的安全绳不得打结使用,安全绳上不得挂钩; ④ 安全带的各部件不得随意更换或拆除,安全绳有效长度不应大于2 m,有两根安全绳的安全带,单根绳的有效长度不应大于1.2 m; ⑤ 安全绳不得用作悬吊绳,安全绳与悬吊绳不得共用连接器,新更换安全绳的规格及力学性能应符合要求,并应加设绳套。 (2) 安全网的材质、规格及其物理性能、耐火性、阻燃性应满足现行国家标准《安全网》(GB 5725—2009)的规定,安装和使用时应符合下列规定: ① 安全网安装应系挂安全网的受力主绳,与支撑件的拉结应牢固,其间距和张力应符合相关规定,不得系挂网格绳,且安装完毕后应进行检查、验收; ② 安全网安装或拆除作业应根据现场条件采取防坠落安全措施; ③ 密目式安全立网的网目密度应为10 cm×10 cm,面积不小于2 000目; ④ 当需采用平网进行防护时,严禁使用密目式安全立网代替平网使用; ⑤ 施工现场在使用密目式安全立网前,应检查产品分类标记、产品合格证、网目数及网体重量,确认合格方可使用; ⑥ 安全网搭设应牢固、严密,且完整有效、易于拆卸; ⑦ 密目式安全立网搭设时每个开眼环扣应穿入系绳,系绳应绑扎在支撑架上,间距不得大于450 mm,相邻密目网间应紧密结合或重叠。 (3) 无可靠挂设点时,应单独设置牢固可靠的安全带临时挂设点	 施工现场安全带使用  设置临时挂点

（二）临时用电

序号	风险部位(环节)	管控措施	相关图例
1	TN-S 接零保护系统	(1) 施工现场临时配电线路应采用三相四线制电力系统，应采用 TN-S 接零保护系统，并应符合下列规定： ① 配电电缆应包含全部工作芯线和用作保护零线或保护线的芯线，电缆线路应采用五芯电缆； ② 电缆线路应采用埋地或架空敷设，不得沿地面明设，并应避免机械损伤和介质腐蚀，同时埋地电缆路径应设方位标志； ③ 地下埋设电缆应设防护管，与开挖作业边缘的距离不应小于 2 m； ④ 架空线路应采用绝缘导线，不得使用裸线，并应沿墙或电杆做绝缘固定，架空线应架设在专用电杆上，不得架设在树木、脚手架及其他设施上； ⑤ 配电线路应有短路保护和过载保护； ⑥ 配电线路中的保护零线除应在配电室或总配电箱处做重复接地外，还应在配电线路的中间处和末端处做重复接地，重复接地电阻不应大于 10 Ω。 (2) 配电系统应设置配电柜或总配电箱、分配电箱、开关箱，实行三级配电，除应在末级开关箱内加漏电保护器外，还应在总配电箱再加装一级漏电保护器，总体形成两级保护，并应符合下列规定： ① 配电柜应装设隔离开关及短路、过载、漏电保护器，电源隔离开关分断时应有明显的可见分断点； ② 配电箱、开关箱应选用专业厂家定型、合格产品，并应使用经“CCC”认证的成套配电箱技术；	 一级配电箱 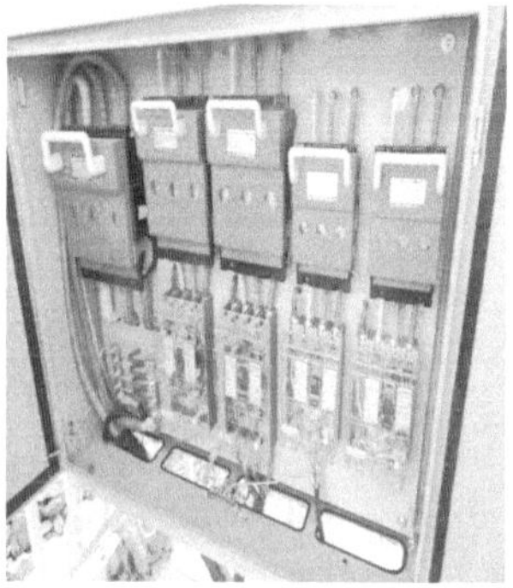 二级配电箱

续表

序号	风险部位(环节)	管控措施	相关图例
1	TN-S 接零保护系统	③ 配电箱、开关箱应设置在干燥、通风及常温场所,不得装设在瓦斯、烟气、潮湿及其他有害介质的场所; ④ 配电箱的电器安装板上应分设 N 线端子板和 PE 线端子板,N 线端子板应与金属电器安装板绝缘,PE 线端子板应与金属电器安装板做电气连接,进出线中的 N 线应通过 N 线端子板连接,PE 线应通过 PE 线端子板连接; ⑤ 配电箱、开关箱的金属箱体、金属电器安装板以及电器正常不带电的金属底座、外壳等应通过 PE 线端子板与 PE 线做电气连接,金属箱门与金属箱体应采用编织软铜线做电气连接; ⑥ 总配电箱和开关箱中两级漏电保护器的额定漏电动作电流和额定漏电动作时间应符合要求,漏电保护器的极数和线数应与其负荷侧负荷的相数和线数一致; ⑦ 配电箱、开关箱的电源进线端不得采用插头和插座做活动连接; ⑧ 配电箱、开关箱应定期检查和维修,在检查和维修时,应挂接地线,并应悬挂“禁止合闸　有人工作”停电标志牌,停送电应由专人负责	 电缆线绝缘措施  电缆线架空敷设

续表

序号	风险部位(环节)	管控措施	相关图例
2	施工现场用电设备	(1) 每台用电设备应有各自专用的开关箱,不得用同一个开关箱直接控制2台及2台以上用电设备(含插座);开关箱应装设隔离开关及短路、过载、漏电保护器,不得设置分路开关。 (2) 各种施工机具和施工设施应做好保护零线连接。 (3) 滑动模板、爬升模板的金属操作平台及其他高耸临时设施,除应连接PE线外,还应进行重复接地。 (4) 对防雷接地的电气设备,所连接PE线同时做重复接地。 (5) 对混凝土搅拌机、钢筋加工机械、木工机械等设备进行清理、检查、维修时,应首先将其开关箱分闸断电,呈现可见电源分断点,并关门上锁。 (6) 电焊机的二次线应采用防水橡皮护套铜芯软电缆,电缆长度不宜大于30 m	 三级开关箱
3	施工照明用电	(1) 根据作业环境条件选择适宜的照明器具,特殊场所应使用安全特低电压照明器具,并应符合下列规定: ① 高温、比较潮湿或灯具离地面高度低于2.5 m等场所的照明,电源电压不应大于36 V; ② 潮湿和易触及带电体场所的照明,电源电压不得大于24 V。 (2) 照明灯具的金属外壳应与PE线相连接,照明开关箱内应装设隔离开关、短路保护器、过载保护器、漏电保护器。 (3) 室外220 V灯具距地面不得低于3 m,室内220 V灯具距地面不得低于2.5 m	 施工照明

续表

序号	风险部位(环节)	管控措施	相关图例
4	临时用电其他管理要求	(1) 现场临时用电必须由项目部统一管理，分包单位在接用现场的一级配电箱(总配电箱)时必须经过总承包单位的许可。 (2) 施工现场临时用电设备在5台及以上或设备总容量在50 kW及以上时，应编制施工现场临时用电组织设计，并经审核和批准。 (3) 施工现场临时用电设备和线路的安装、巡检、维修或拆除，应由电工完成；电工应经考核合格后，持证上岗工作；其他用电人员应通过安全教育培训和技术交底，考核合格后方可上岗工作。 (4) 各类用电人员应掌握安全用电基本知识和所用设备的性能，并应符合下列规定： ① 使用电气设备前应穿戴相应的劳动保护用品，并应检查电气装置和保护设施，设备不得带缺陷运转； ② 应保管和维护所用设备，发现问题应及时报告解决； ③ 暂时停用设备的开关箱应分断电源隔离开关，并应上锁； ④ 移动电气设备时，应切断电源并妥善处理后进行； ⑤ 当遇有临时停电、停工、检修或移动电气设备时，应关闭电源。 (5) 分包单位的电箱必须有标志、验收合格牌，电箱内有电路图、巡检记录、接线端子排绝缘盖板等，并设专人保管维护，电箱内的布设应符合相关法律规范和标准的要求。 (6) 按要求配备钳形接地电阻测试仪、手摇式低压绝缘电阻测试仪、钳形电流表、漏电保护器测试仪等常用仪器，并定期检测。 (7) 临时用电工程应定期检查，定期检查时应复查接地电阻值和绝缘电阻值，对发现的安全隐患应及时处理，并应履行复查验收手续。	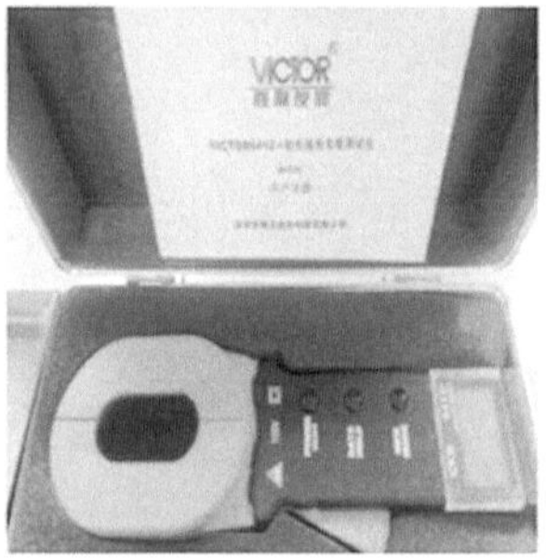 钳形接地电阻测试仪 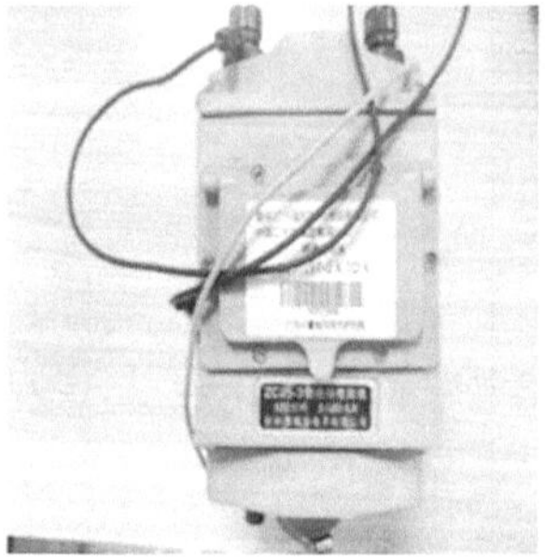 绝缘电阻表

续表

序号	风险部位(环节)	管控措施	相关图例
4	临时用电其他管理要求	(8) 临时用电合理规划和布局,做到"一机一闸一漏一箱",规范接线和架设;电缆不得浸泡于水、泥浆中。 (9) 配电箱防护棚应具备防雨、防高空坠物、防碰撞、通风等功能。 (10) 在建工程不得在架空线路正下方施工、搭设作业棚、建造生活设施或堆放构件、架具、材料及其他杂物等,应按规定保持安全距离;施工现场脚手架、起重机械与架空线路的安全距离应符合相关标准要求,当不满足要求时,应采取有效的绝缘隔离防护措施。 (11) 潮湿地带的电缆线应绝缘良好,并应具有防水功能,电缆线接头应经防水处理	 使用专用仪器开展定期检测

(三) 施工机械管理

序号	风险部位(环节)	管控措施	相关图例
1	施工机械人员及证件配备	(1) 项目部应至少设置一名机械员,负责机械管理的日常工作,设备的安拆调试和故障的排除必须由专业人员进行。 (2) 机械设备的操作人员必须身体健康,并经过专业培训考试合格,取得合格的操作证后,方可独立操作	 施工机械

续表

序号	风险部位(环节)	管控措施	相关图例
2	大型机械设备管理	(1) 大型机械设备安装前必须按要求安装设置好企业宣传标志牌，做好企业品牌宣传。 (2) 凡已被国家淘汰的产品、不合格的机械设备及有故障的机械设备，一律不得在项目使用。 (3) 施工机械设备进场前应查验机械设备证件、性能和状况，并应进行试运转；作业前，施工技术人员应向操作人员进行安全技术交底，操作人员应熟悉作业环境和施工条件，并应听从指挥，遵守现场安全管理规定。 (4) 大型机械设备的地基基础承载力应满足安全使用要求，其安装、试机、拆卸应按使用说明书的要求进行，使用前应经专业技术人员验收合格。 (5) 任何人不得擅自拆除机械设备上的安全装置、护罩及监测、指示、报警、信号等装置。 (6) 机械设备应按出厂使用说明书规定的技术性能、承载能力和使用条件，正确操作，合理使用，严禁超载、超速作业或任意扩大使用范围。 (7) 机械设备上的各种安全防护和保险装置及各种安全信息装置应齐全有效。 (8) 多班作业的机械设备应执行交接班制度，填写交接班记录，接班人员上岗前应进行检查。 (9) 施工现场应为机械设备提供道路、水电、机棚及停机场地等必备的作业条件，夜间作业应提供充足的照明。	 机械设备进场联合验收  验收合格挂牌

续表

序号	风险部位(环节)	管控措施	相关图例
2	大型机械设备管理	(10) 机械设备行驶的场内道路应平整坚实,并应设置安全警示标志,多台机设备在同一区域作业时,前后左右应保持安全距离。 (11) 机械设备在邻近坡、坑边缘及有坡度的作业现场(道路)行驶时,其下方受影响范围内不得有任何人员。 (12) 操作人员应根据机械设备保养规定进行机械设备例行保养,机械设备应处于完好状态,并应进行维修保养记录,机械设备不得带病运转,检修前应悬挂“禁止合闸、有人工作”的警示牌。 (13) 清洁、保养、维修机械设备或电气装置前,必须先切断电源,等机械设备停稳后再进行操作,严禁带电或采用预约停送电时间的方式进行维修。 (14) 在机械设备使用、维修过程中,操作人员和配合作业人员应正确使用劳动保护用品,长发应束紧不得外露,高处作业应系安全带。 (15) 施工现场应设置警戒区域,悬挂警示标志,非工作人员不得入内。 (16) 机械设备回转作业时,配合人员应在机械设备回转半径以外工作,当需在安全距离以内工作时,应将机械设备停止并制动。 (17) 装载机转向架未锁闭时,不得站在前后车架之间进行检修保养。 (18) 土方运输车辆的行驶坡度不应大于10°。 (19) 混凝土搅拌机料斗提升时,人员不得在料斗下停留或通过;当需在料斗下进行清理或检修时,应将料斗提升至上止点,并应采用保险销锁牢或用保险链挂牢	 机械设备操作规程挂牌

续表

序号	风险部位(环节)	管控措施	相关图例
3	小型机具	(1) 小型机具应有出厂合格证和操作说明书,进场前对安全附件、装置做好验收。 (2) 对小型机具应制定管理制度,建立台账,按要求使用、维修和保养。 (3) 作业人员应了解所用小型机具性能,并应熟悉掌握其安全操作常识,施工中应正确穿戴各类安全防护用品。 (4) 手持电动工具的操作应符合现行国家标准《手持式、可移式电动工具和园林工具的安全　第1部分:通用要求》(GB/T 3883.1—2014)的规定,并应配备安全隔离变压器、漏电保护器、控制箱和电源连接器。 (5) 作业人员不得站在不稳定的地方使用电动或气动工具,当需使用时,应有专人监护。 (6) 木工圆盘锯机上的旋转锯片应带有护罩,平刨应设置护手装置。 (7) 齿轮传动、皮带传动、连轴传动的小型机具应设置安全防护装置	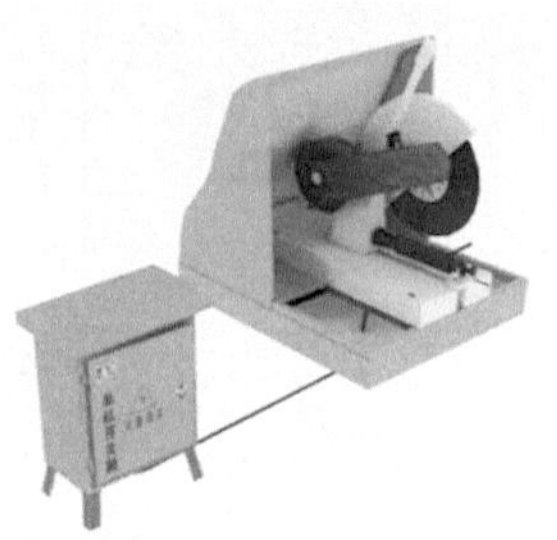 切割机防护  钢筋加工机械防护

续表

序号	风险部位(环节)	管控措施	相关图例
4	建筑起重机械施工全过程	(1) 起重机械资料上报具体包括购销合同(或租赁合同,若是租赁,需要产权方有出租资质)、产品制造许可证、产品合格证、安装使用说明书、历次使用履历手册和运行记录、起重机械安拆方案、建筑起重机械运行记录、设备定期自检记录、起重机械使用验收表、起重机械吊装作业安全条件审核表(即作业令)等,流动式起重机应具有行驶证。 (2) 操作司机应具有有关部门考核颁发的合法证件,信号司索工要取得特种人员操作资格证书,且证书在有效期内。 (3) 起重吊装作业前,应编制起重吊装作业专项施工方案,对于超过一定规模的起重吊装作业方案应组织专家论证,并应履行各项审批手续。 (4) 严格遵照起重机械"十不吊"规定。 (5) 起重吊装作业前,首先对车辆及起重回转装置进行全面检查,重点检查吊钩、车辆轮胎等是否存在安全隐患,支腿是否全部展开、枕木或钢板是否垫实和其他支撑设施是否验收合格;吊索具需经过计算,严格按规范和方案选用,作业前检查通过后方可使用。 (6) 施工和监理单位应对工程车辆作业处地面承载力进行安全确认,严禁在松软地基或承载力不满足要求的位置(包括下坡、弯道等存在溜车、翻车的隐患点)停放车辆开展起重吊装作业。 (7) 车辆不得距离基坑、沟槽过近(应大于 2 m),若流动式起重机支腿必须放置于基坑边时,要确保基坑边承载力符合要求,必要时应经有关单位计算复核,保证基坑及沟槽的安全性。 (8) 进行作业前,全面检查起重机械周边环境是否安全,在起重臂旋转半径范围内不得有影响起重吊装作业的建筑物、构筑物等设施,并与架空输电线路保持安全距离。	 履带式起重机

续表

序号	风险部位(环节)	管控措施	相关图例
4	建筑起重机械施工全过程	(9) 作业前,应划定危险作业区域,设置警戒线,无关人员不得进入作业区域,夜间加设警示灯。 (10) 项目部安排工程技术人员和专职安全管理人员到现场进行协调管理,如在作业过程中发现违章作业应及时纠正并制止,发现安全隐患时,应暂停作业,采取措施消除隐患后方可继续作业。 (11) 起重吊装过程中,任何人不得对起重机械与回转装置的安全性能进行检修、维护和保养等工作,如需实施上述作业,应停止机械运转并将起吊中的重物落地。 (12) 吊运路线不得从人员、设备上方通过,空车行走时,吊钩应离地面 2 m 以上。 (13) 门式起重机等轨道行走类起重机械应设置夹轨器和轨道限位器。轨道的基础承载力、宽度、平整度、轨距、曲线半径等应满足说明书和设计要求。 (14) 吊运作业时,吊运材料应绑扎牢固,细长物件不得单点起吊,吊运散料时应使用料斗,严禁使用钢丝绳绑扎吊运。 (15) 被吊重物应确保在起重臂的正下方,严禁斜拉、斜吊,严禁吊装质量不明、埋于地下或粘在地面上的构件。 (16) 起重吊装作业的操作控制应符合下列规定: ① 吊运重物起升或下降速度应平稳、均匀; ② 起重机主、副钩不应同时作业; ③ 起重机在满负荷或接近满负荷时,不得进行增大幅度方向的动作或同时进行两个动作; ④ 起重机回转未停稳时,不得反向动作。	 标准化吊斗

续表

序号	风险部位(环节)	管控措施	相关图例
4	建筑起重机械施工全过程	(17) 暂停作业时,吊装作业中未形成稳定体系的部分,必须采取临时固定措施,临时固定的构件应在完成永久固定后方可解除临时固定措施。 (18) 在风速达到 9 m/s 及以上或大雨、大雾等恶劣天气时,严禁进行起重机械的安装拆卸作业,在风速达到 12 m/s 及以上或大雨、大雾等恶劣天气时,应停止露天的起重吊装作业。 (19) 雨后进行吊装时,应清理积水,并应采取防护措施,作业前应先试吊。 (20) 当起重荷载达到起重机械额定起重量的 90%及以上时,应先将重物吊离地面不大于 200 mm,检查起重机械的稳定性和制动的可靠性,确认安全后再平稳起吊。 (21) 对于起重机械的日常维护保养可以统一要求由出租单位负责,对于邻近检验合格有效期的流动式起重机,均由出租单位提前一个月向特种设备管理部门申请检测,超出有效期严禁继续使用,最新检测不合格的应立即停止使用,做退场处理	 组织对吊装专用钢丝绳进行外观检查
5	施工机械设备其他管理要求	(1) 停用一个月以上或封存的机械设备,应进行停用或封存前的保养工作,并应采取预防大风、碰撞等措施。 (2) 现场各机械设备均必须贴挂安全操作规程,操作人员必须熟悉和遵守安全操作规程,并保管好所贴挂的安全操作规程。 (3) 现场所使用的机械设备必须定期维修保养及安全检查,并做好记录	 机械设备安全操作规程

（四）消防管理

序号	风险部位（环节）	管控措施	相关图例
1	作业区域消防管理重点	(1) 料场、库房、钢筋加工场、木工加工场、配电箱等处的消防设备器材设置应符合国家法律法规要求，并定期巡检保证其有效性。 (2) 如有易燃易爆化学物品等危险品进场时，必须事先对物品的名称、数量、用途、使用地点和存放地点以及供货厂家各项资质进行备案。 (3) 易燃易爆物品（如油漆等），要专库专管，建立存放、保管、领用回收制度，做到账物相符，易燃易爆危险品库房应远离明火作业区、人员密集区和建筑物相对集中区。 (4) 现场的消防通道必须保持通畅，并保持不小于 4 m 的净宽，施工道路上严禁堆放物料或停放机具车辆。 (5) 严禁用可燃材料支搭临建设施或做隔墙，集装箱或板房材料必须符合防火等级 A 级要求，库房内严禁住人或做休息室。 (6) 任何单位和个人均不得损坏或擅自挪用、拆除、停用现场的消防设施，消防系统的水源严禁用于施工用水或生活用水。 (7) 施工现场严禁吸烟，严禁焚烧垃圾。 (8) 施工产生的可燃、易燃建筑垃圾应及时处理。 (9) 施工现场使用的安全网及保温材料等必须是合格的阻燃材料，并按要求送检	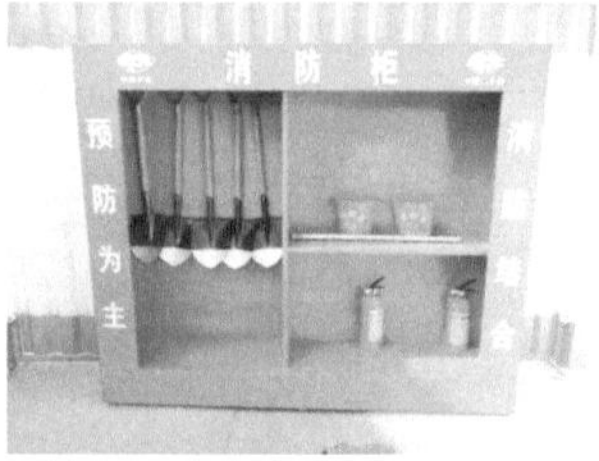 现场设置消防柜  施工现场按要求配备灭火器

续表

序号	风险部位(环节)	管控措施	相关图例
2	动火作业	(1) 凡在施工现场进行动火作业的(包括但不限于焊接、热切割、热熔作业等),动火作业时必须按要求办理动火证,并且做到“二证一机一监护”,督促作业人员做好动火前焊件及周边环境的安全确认和动火后是否有遗留火种的检查工作。 (2) 动火作业前,应对作业现场的可燃物进行清理;作业现场及其附近无法移走的可燃物应采用不燃材料覆盖或隔离。 (3) 施工作业安排时,宜将动火作业安排在使用可燃建筑材料施工作业之前进行,确需在可燃建筑材料施工作业之后进行动火作业的,应采取可靠的防火保护措施。 (4) 动火作业时应配备灭火器,并应设动火监护人进行现场监护,每个动火作业点均应设一个监护人。 (5) 氧气瓶和乙炔瓶的安全阀、减压装置必须齐全,气管应按规定进行区分,老化破损气管及时更换,作业时氧气瓶和乙炔瓶之间的距离不得小于5 m,氧气瓶、乙炔瓶与明火之间的距离不得小于10 m,并应配备灭火器。 (6) 氧气瓶、乙炔瓶使用时严禁倒放,必须设置防倾倒措施。 (7) 5级(含5级)以上风力时,应停止焊接、切割等室外动火作业,确需动火作业时,应采取可靠的挡风措施。 (8) 动火作业后,人员应对现场进行检查,并应在确认无火灾危险后再离开	 氧气瓶、乙炔瓶专用车  动火作业监护

（五）雨季施工

序号	风险部位(环节)	管控措施	相关图例
1	雨季施工	(1) 雨季开挖基坑或管沟时,应注意边坡稳定,必要时可适当放缓边坡坡度或设置支撑,施工时应加强对边坡和支撑的检查。 (2) 凡进入雨季施工的填筑工程,应根据工程的特点合理安排机具和人力,并要组织快速施工,重要或特殊的土方回填,应尽量在雨期前完成。 (3) 雨季期间安排施工计划,工作面不宜过大,应分层、分段,要集中机具、人力分段突击,本着“完成一段再开一段”的原则,当日填筑当日完成,做到随挖、随填、随压。 (4) 遇到大雨时停止浇筑混凝土,已浇部位应加以覆盖。 (5) 雨水倒灌防范措施: ① 建立应急救援队伍,做好随时抢险准备; ② 作业面储备沙包等材料用来封堵雨水,或采取导流措施,抑或提前在管廊端部做好封堵墙、截水墩,避免雨水倒灌重要部位; ③ 组织人员提前清理疏通基坑四周排水沟,确保排水畅通; ④ 调配排水泵,对有被淹风险的作业面安装排水泵,做好排水准备; ⑤ 储备好各类应急抢险物资设备,定期检查更换,保证应急时能正常使用	 管廊防雨水倒灌措施

（六）夜间施工

序号	风险部位(环节)	管控措施	相关图例
1	夜间施工	(1) 建立夜间值班制度，做好周密的组织和技术交底，配备足够的物资，确保夜间施工顺利进行。 (2) 做好夜间施工防护，在作业地点附近设置警示标志，悬挂红色灯，以提醒行人和司机注意，并安排专人看守。 (3) 夜间施工要有足够的照明设施，保证施工现场的亮度	 照明设施

（七）危大工程方案及验收管理

序号	风险部位(环节)	管控措施	相关图例
1	方案编制、审批、论证、交底及实施后验收	(1) 危大工程必须依据现行相关标准规范并结合工程实际编制专项施工方案，方案应具有针对性和可操作性，方案编制人必须是相关专业工程技术人员，专项施工方案必须经施工企业技术负责人和项目总监理工程师审批，超过一定规模的危大工程专项施工方案必须组织专家论证。 (2) 分项工程施工前，安全技术措施编制人或施工管理人员应当向参与本项工程施工的所有作业人员进行安全技术交底，并由双方和项目专职安全生产管理人员共同签字确认。 (3) 对于按照规定需要验收的危大工程必须经施工、监理企业组织验收合格后方可进入下一道工序，参加验收的人员必须符合有关规定要求，验收资料必须存档	 梅观高速清湖南段市政道路工程施工二标 综合管廊深基坑支护与开挖 专项施工方案 MCC 中国二十冶集团有限公司 梅观高速清湖南段市政道路工程施工二标项目经理部 2019年10月 危大工程专项施工方案示意图

四、案例分析[①]

（一）坍塌事故案例分析

1. 事故概况

2014 年 11 月 1 日，某社区改造项目配套市政道路管廊施工中发生塌方，造成一人死亡。

2. 事故经过

2014 年 10 月底，施工单位项目部对某管廊进行了土方开挖（事故发生时管廊长约 40 m，宽约 3.5 m，深约 5 m），开挖的管廊未采取放坡或支护措施，10 月 30 日—31 日因下雨，项目停工。11 月 1 日 8 时许，施工单位木工领班井某华带领刘某兵等 4 个人下到管廊西端支模，收拾因下雨停工遗留在现场的工具。8 时 30 分，力工王某国从项目部来到管廊东端并下到底部准备捡起自己的铁锹。站在管廊南侧地面上的井某华发现后，提醒王某国管廊有塌方危险，王某国听到后从管廊底部捡起铁锹欲立即离开，跑了约两三步管廊东端北侧立面发生塌方，将王某国掩埋，井某华和材料员高某琨等 5 人急忙下到管廊塌方处救人，并拨打了“120”“119”救援电话。井某华打完电话后发现塌方处沟壁发生松动，立即通知 5 名救援人员撤离现场，撤离过程中发生了二次塌方，材料员高某琨腹部以下被掩埋，右下肢被砸伤，旋即获救，并被赶到现场的 120 车辆送往医院救治。事故发生后，项目部启动了应急救援预案，至 12 时 30 分，王某国被救出，120 急救人员确认王某国已经死亡。

3. 事故原因和性质

（1）直接原因

施工单位未按施工规范对管廊进行放坡或支护，导致管廊立面因雨水浸润发生塌方，是导致事故发生的直接原因。

（2）间接原因

① 施工单位安全生产主体责任不落实，现场管理人员未认真履行安全监督管理职责，未及时发现并排除安全隐患；对从业人员安全生产教育培训不到位，施工人员安全意识淡薄，自我保护意识不强，对管廊立面因雨水浸润存在的塌方危险性缺乏足够认

① 案例中所涉法条、标准均为当时生效的法条、标准。

识，冒险进入施工现场。

② 施工单位主要负责人张某钢未认真履行企业主要负责人安全管理职责，督促、检查本单位的安全生产工作不力，未能及时消除生产安全事故隐患。

③ 建设单位组织隐患排查不力，未能及时发现并制止施工企业的违规行为和事故隐患。

（3）事故性质

经调查认定，该事故是一起由于生产经营单位主体责任落实不到位，从业人员缺乏安全意识造成的一般生产安全责任事故。

4. 事故主要责任认定及处理建议

（1）主要责任认定

① 施工单位违反《给水排水管道工程施工及验收规范》(GB 50268—2008)的规定，管廊施工未按规定进行放坡或支护；违反《生产经营单位安全培训规定》和《中华人民共和国安全生产法》(以下简称《安全生产法》)的规定，安全教育不到位，现场安全管理不力，对从业人员的违章行为没有及时发现并有效地纠正，对该起事故负有主要责任。

② 施工单位主要负责人张某钢违反了《安全生产法》的规定，督促、检查本单位的安全生产工作不到位，未能及时消除生产安全事故隐患，对该起事故负有领导责任。

③ 建设单位未切实履行对施工单位的安全监管职责，对该起事故负有一定责任。

（2）处理建议

① 建议由区安全生产管理部门依据国务院《生产安全事故报告和调查处理条例》的规定，给予施工单位罚款人民币 12 万元的行政处罚。

② 建议由区安全生产管理部门对张某钢依据国务院《生产安全事故报告和调查处理条例》的规定作出罚款上一年个人年收入 30%的行政处罚。

③ 建议由区市政管理部门责令建设单位对该项目进行停工整顿，彻底排查并消除隐患，并将处理结果报区政府安全生产委员会办公室。

（二）高处坠落事故案例分析

1. 事故概况

2019 年 12 月 9 日 9 时左右，某快速路建设工程支线管廊工程项目发生一起高处坠落事故，造成一人死亡。

2. 事故经过

2019年12月8日17时6分,某劳务公司法人肖某将12月9日混凝土浇筑计划通过项目部混凝土总调度赵某发送给混凝土泵车单位。混凝土泵车单位随即安排混凝土泵车驾驶员朱某、作业员何某负责此次作业。12月9日5时,混凝土泵车驾驶员朱某驾车到达事发基坑现场,将车停靠在事发基坑旁休息至8时左右。随车人员除驾驶员朱某与作业员何某外还有熊某,由于熊某闲暇无事,何某将其带上泵车同行。8时左右,何某开始在事发基坑西南角处架泵,同时劳务公司8名施工人员由劳务班长夏某带领,佩戴安全帽到达现场准备进行混凝土浇筑施工。9时左右,第一车混凝土到达现场,作业员何某下车开始进行润泵作业,同时在泵车软管转至基坑过程中往软管打润管剂,熊某此时在未佩戴安全帽的情况下私自从基坑顶部的临时出入口进入基坑内管廊顶部,泵车输送臂在作业时前段软管润泵过程中由于大幅摆动撞到正在基坑顶部边缘站立观看作业的熊某,致使其头部向下坠落撞至管廊基坑裸露钢筋处发生事故,后经120急救人员现场抢救无效死亡。

3. 事故原因和性质

(1) 直接原因

混凝土泵车单位作业员何某在未告知公司及现场项目部的情况下,违规将非作业人员且未做好个人安全防护的熊某带入施工现场。泵车软管在转至基坑时往软管打润管剂过程中由于软管大幅摆动将熊某碰倒坠落基坑底部。

(2) 间接原因

① 劳务分包单位:未建立以负责人为主的作业队伍安全保障体系,造成现场施工过程中安全保障体系未能正常有效的运作,为方便现场施工人员进入基坑施工作业,将基坑顶部局部临边防护拆除,形成的临时出入口存在重大安全隐患,致使死者熊某能够随意进出深基坑内部导致事故。

② 施工单位:施工现场管理上有缺失。项目部安全员未在施工现场旁站,未对施工现场安全防护设施缺失的情况及时发现和纠正导致事故。

③ 监理单位:对现场存在的安全隐患和违章作业失察。未督促施工单位制定安全专项施工方案,现场巡检不力,未按要求在作业时旁站。监理规划及监理实施细则中,针对施工组织设计的检查措施不具体。

(3) 事故性质

经调查认定,该快速路建设工程项目高处坠落事故是一起生产安全责任事故。

4. 事故责任认定及处理建议

(1) 对事故责任单位的责任认定与处理建议

劳务公司对施工现场未进行实质管理，不具备安全生产管理能力，未建立安全生产管理体系，未与施工单位签订安全协议，缺乏对作业人员的安全生产教育、管理和施工作业安全技能培训和安全交底，致使现场施工作业人员缺少安全防护意识，随意拆除安全防护措施导致发生生产安全事故。建议市应急管理局依照《安全生产法》的相关规定对该劳务公司进行行政处罚。

(2) 对主要责任人员的责任认定与处理建议

① 熊某，男，与本工程相关参建单位未签订任何劳动合同，私自进入施工区域基坑管廊顶部，对事故发生负有直接责任，因其在事故中死亡，免予追究责任。

② 肖某，男，作为劳务公司法定代表人，没有认真履行安全管理职责，未依法督促检查本单位安全生产工作，未及时督促消除生产安全隐患，对事故发生负有主要领导责任。建议市应急管理局依据《安全生产法》的规定给予其行政处罚，同时给予其撤职处分，5 年内不得担任任何生产经营单位的主要负责人。

(三) 触电事故案例分析

1. 事故概况

2020 年 6 月 15 日 11 时 12 分，某地下综合管廊建设工程初勘项目发生一起触电事故，造成一人死亡。

2. 事故经过

2020 年 6 月 15 日 7 时左右，勘探作业单位钻机机长徐某 1、编录员徐某 2(徐某 1 妻子)、小工毛某三人开始钻探作业。机长负责驾驶履带式工程钻机(以下简称钻机)钻探、编录员负责编录岩芯、小工负责岩芯淤泥处理。10 时左右，三人将钻探出的岩芯放好，等待勘察所前来验收。10 时 50 分左右，勘察设计单位技术员马某和勘察所见证员郭某对岩芯验收后离开。11 时左右，勘探作业单位三名作业人员整理好东西，准备前往下个钻探点，毛某先去踏勘具体位置，徐某 1 驾驶钻机，徐某 2 步行。11 时 12 分左右，毛某突然听到一声打雷样的声音，看到离他二三百米远的钻机还在行驶，以为没事仍在原地等他们。同时，徐某 2 突然看到徐某 1 从钻机上掉落在地，想打电话但手机在钻机上，徐某 2 就追到钻机上关掉机器，拿了手机想打“120”电话，此时在旁边一个做农活的人帮打了“120”电话，徐某 2 就先后给徐某 1 的侄儿和二哥、马某打了电话。徐某 1 侄儿就在附近，先赶到了现场，给徐某 1 做心肺复苏，直到救护车到场后将徐某 1 送往医院抢救。13 时 30 分，医院宣布徐某 1 经抢救无效死亡，死亡原因为电击伤，其双脚底和臀部均有烧焦症状。

3. 事故原因和性质

(1) 直接原因

徐某 1 驾驶钻机穿过架空 10 kV 高压电线路时，钻机钻塔与高压电线发生碰撞触电，造成徐某 1 触电死亡。

(2) 间接原因

勘探作业单位安全意识不强，思想上麻痹大意，在未经确认高压电线是否有电的情况下，擅自移动钻机，违反勘探作业安全操作规程。以上因素，造成了物的不安全状态即未将钻机钻塔放落和人的不安全行为即违章移动钻机，导致事故发生。

(3) 事故性质

经调查认定，该地下综合管廊建设工程初勘项目触电事故是一起一般生产安全责任事故。

4. 事故责任认定及处理建议

(1) 对事故责任单位的责任认定与处理建议

勘察设计单位未能及时督促勘探作业单位整改存在的触电安全隐患，虽其行为与事故发生不存在直接的因果关系，对事故不负有责任，但其行为违反了《安全生产法》第四十六条第二款“……生产经营单位对承包单位、承租单位的安全生产工作统一协调、管理，定期进行安全检查，发现安全问题的，应当及时督促整改”的规定，建议由市应急管理局对其违法行为依法处理。

(2) 对责任人员的责任认定与处理

① 徐某 1，勘探作业单位经营者、机长，在驾驶钻机穿越架空电力线路保护区时，未将钻机钻塔放落，违反《岩土工程勘察安全标准》(GB/T 50585—2019)第 3.0.6 条关于导电物体外侧边缘与架空输电线路边线之间的最小安全距离、第 10.2.1 条“钻探机组迁移时钻塔应落下，非车装钻探机组不得整体迁移”和《安全生产法》第十条第二款“生产经营单位必须执行依法制定的保障安全生产的国家标准或者行业标准”等规定。

综上，徐某 1 对事故发生负有直接责任和主要责任，本应承担法律责任，鉴于其已在事故中死亡，根据有关法律规定，建议不再追究其责任。

② 陈某，作为勘察设计单位勘察所负责人，未按要求成立建设工程初勘项目部，对本项目安全生产管理负有领导责任，建议勘察设计单位对其作出严肃处理。

③ 徐某 3，作为勘察设计单位的专职安全员，负有履行单位安全管理的职责，对单位存在的未督促整改问题负有责任，建议勘察设计单位对其作出严肃处理。

（四）机械伤害事故案例分析

1. 事故概况

2018 年 4 月 6 日 8 时 20 分，某地下综合管廊项目第三标段工程发生一起机械伤害事故，造成一人死亡。

2. 事故经过

2018 年 4 月 6 日 7 时 20 分，专业分包单位按照施工安排，进行某河段土方开挖和钢围檩安装，该单位职工单某飞进行钢支架安装作业，崔某俭驾驶挖掘机配合进行土方开挖作业。8 时 10 分，单某飞拟进行钢围檩施工作业，行至新污水方沟与挡土墙交会处向下查看后，通过一步平台向南沿坡道下至二步卸土平台。8 时 20 分，单某飞违规穿越作业区域，又向北走至挡土墙与旧污水方沟西墙交会处，脸朝南背靠旧污水方沟西墙，由于地面泥泞湿滑，身体失衡向前滑落撞至正常作业的挖掘机回旋铲斗后，坠落到二层的卸土平台。

3. 事故原因和性质

（1）直接原因

专业分包单位职工单某飞，违反《建筑机械使用安全技术规程》（JGJ 33—2012）有关规定，违规进入挖掘机作业区域后滑落到正在正常施工作业的挖掘机回转半径内发生对撞，是造成事故发生的直接原因。

（2）间接原因

① 专业分包单位：未对单位职工进行规范的安全生产教育培训致使现场作业人员安全意识缺失，不具备符合岗位要求的风险辨识、安全避险和应急处置能力；安全生产主体责任不落实，安全保证体系不健全，现场安全、技术管理人员未履职尽责。

② 总承包单位：疏于管理，对现场作业挖掘机违反挖掘机操作与保养手册中有关安全规则情况未能及时发现并制止；对专业分包单位安全生产管理存在漏洞，一是资格把关不严格，致使专业分包单位在其安全生产许可证期满后不具备相应资格的情况下仍继续在项目内作业并造成事故发生，二是未对专业分包单位实施有效的统一管理。

③ 监理单位：对施工现场缺乏有效的安全管控，未尽到监理职责，未及时有效制止和消除作业现场存在的违规现象；对专业分包单位资质审核管理松散，对专业分包单位无证情况下存在违法施工现象熟视无睹。

④ 建设单位：未认真督促总承包单位和监理单位履行安全监督管理职责，对施工现场交叉作业缺乏有效安全管控情况失察，对管廊项目部的统一协调、管理存在漏洞。

（3）事故性质

经调查认定，这是一起因违反安全管理规定，作业人员违规进入危险作业区域，相关管理人员职责履职不到位而引发的生产安全责任事故。

4. 事故责任认定及处理建议

(1) 对事故责任单位的责任认定与处理建议

① 专业分包单位：未认真落实安全生产管理制度，培训教育不到位；对作业现场安全管理存在漏洞，安全生产许可证有效期满后未按规定办理延期手续，继续进行生产作业并造成严重后果致人死亡，对事故发生负有责任。依据《安全生产许可证条例》的规定，建议由发证机关依法处理；依据《安全生产法》的规定，建议市安全生产管理部门对其处人民币 32 万元的罚款。

② 总承包单位：未认真落实安全生产管理制度；未及时发现专业分包单位安全生产许可证过期情况；对事故发生负有责任。依据《安全生产法》的规定，建议市安全生产管理部门对其处人民币 30 万元的罚款。

③ 监理单位：未认真落实监理管理制度；对专业分包单位安全管理存在漏洞情况失察；作业现场沟通、协调、指导不力；对事故发生负有责任。依据《安全生产法》的规定，建议市安全生产管理部门对其处人民币 26 万元的罚款。

④ 鉴于专业分包单位安全生产许可证已过期，不具备相应资格，建议停止其继续在该项目进行施工作业。

(2) 对主要责任人员的责任认定与处理

① 王某晖，监理单位管廊项目部现场监理，负责该项目土建监理工作。未认真审核专业分包单位安全生产许可资质，致使该单位资质过期后仍进场作业；未能及时发现事故现场安全隐患，对施工单位安全责任落实情况监督管理不到位；对事故发生负有重要责任。依据《建设工程安全生产管理条例》的规定，建议建设行政主管部门停止其执业资格 3 个月，并对其违规不良行为在建筑市场建立不良记录，报市安全生产管理部门局备案。

② 张某利，监理单位管廊项目监理部总监，负责该项目监理全面工作，为该项目安全生产第一监理责任人。对管廊项目内专业分包单位安全生产许可资质过期情况失察；对专业监理不能及时发现事故现场安全隐患情况的监管存在漏洞；对施工单位安全生产管理体系的建立、运行及审核管理不到位；对事故发生负有重要责任。依据《建设工程安全生产管理条例》的规定，建议建设行政主管部门停止其执业资格 5 个月，并对其违规不良行为在建筑市场建立不良记录，报市安全生产管理部门备案。

③ 尚某峰，专业分包单位法定代表人，负责单位全面工作。工作失职，对承揽的土方开挖、钢支撑及钢围檩安拆施工缺乏有效管控，对事故发生负有重要责任。依据《生产安全事故报告和调查处理条例》的规定，建议市安全生产管理部门对其处人民币 31 680 元罚款。

④ 刘某洋，管廊项目部项目经理，负责管廊项目全面工作，为本项目部安全生产工作第一责任人。未严格落实安全管理职责，

对该项目缺乏有效安全管控，致使从业人员安全防护意识淡薄；对专业分包单位安全生产许可证审核把关不严致使本项目长期存在违法施工情况；对事故发生负有重要责任。依据《建设工程安全生产管理条例》的规定，建议市建筑行业主管部门对其处 4.6 万元罚款，并报市安全生产管理部门备案。

⑤ 钟某兵，总承包单位法定代表人，负责单位全面工作，为单位安全生产第一责任人。未认真履行主要负责人安全生产管理职责，督促指导单位安全生产工作及执行有关规章制度不到位，对事故发生负有领导责任。依据《生产安全事故报告和调查处理条例》的规定，建议市安全生产管理部门对其处 4.5 万元罚款。

⑥ 柴某海，监理单位法定代表人，负责单位全面工作。未认真履行主要负责人安全生产管理职责，对单位监理的管廊项目监理履职不力情况失察，对事故发生负有领导责任。依据《生产安全事故报告和调查处理条例》的规定，建议市安全生产管理部门对其处 6 万元罚款。

建设工程施工安全管控丛书

市政工程施工
安全管控指南

污水处理工程篇

石军胜 / 主编
李 欣 黄先文 谭志斌 巩俊松 王 鹏 / 副主编

中国矿业大学出版社
· 徐州 ·

污水处理工程篇

主要起草人：席春生、徐小明、刘洪蛟、克斌、吴新坤、丁峰、张志波、宋定鹏、彭梦园、祝海波、丁立、崔凯、张炜恩、高常红、何国强

主要审核人：贾志立、史卫东、李智、张青、王勇

目　　录

污水处理工程篇

污水处理是指为使污水达到排放或再次使用的水质要求而对其进行净化的过程。当前污水处理被广泛应用于建筑、农业、交通、能源、石油化工、环保、城市景观、医疗、餐饮等各个领域。污水处理工程是指用各种方法将污水中所含的污染物分离出来或将其转化为无害物,从而使污水得到净化的工程项目。

组织编制本篇的目的是让项目管理人员了解污水处理工程施工工艺及施工风险,以促进现场安全管理的规范化、标准化,提高现场工作效率,降低风险,提高污水处理工程安全管理水平。

本篇主要围绕半埋地式污水处理工程的工艺布置、施工工艺流程、关键施工工序,分析了施工过程中安全管理的重点和难点、常见风险和管控措施,以及相关案例。本篇主要编制依据见下表。

序号	文件名称	文件号
1	中华人民共和国建筑法	—
2	中华人民共和国安全生产法	—
3	中华人民共和国环境保护法	—
4	建设工程安全生产管理条例	中华人民共和国国务院令第393号
5	实施工程建设强制性标准监督规定	中华人民共和国住房和城乡建设部令第52号
6	危险性较大的分部分项工程安全管理规定	中华人民共和国住房和城乡建设部令第37号
7	住房城乡建设部办公厅关于实施《危险性较大的分部分项工程安全管理规定》有关问题的通知	建办质〔2018〕31号
8	职业健康安全管理体系 要求及使用指南	GB/T 45001—2020
9	建筑施工安全技术统一规范	GB 50870—2013
10	建设工程施工现场消防安全技术规范	GB 50720—2011

续表

序号	文件名称	文件号
11	建筑深基坑工程施工安全技术规范	JGJ 311—2013
12	建筑施工高处作业安全技术规范	JGJ 80—2016
13	建筑施工脚手架安全技术统一标准	GB 51210—2016
14	建筑机械使用安全技术规程	JGJ 33—2012
15	建筑施工起重吊装工程安全技术规范	JGJ 276—2012
16	施工现场临时用电安全技术规范	JGJ 46—2005
17	塔式起重机安全规程	GB 5144—2006

一、污水处理工程概述

污水处理工程主要单体建筑包括组合池一、二沉池、组合池二、臭氧接触池和后置移动床生物膜反应器(MBBR)池、臭氧发生器间、污泥脱水干化机房、污泥平衡池、高浓度废水池、液氧站、管理用房、传达室,以及附属配套的排水工程、通信工程等的单体建筑。

(一)污水处理工程工艺介绍

1. 污水处理工程工艺布置

当前城市污水处理工程多采用半地埋式设计,设计日处理量在 5 万 t 及以上,该工艺具有技术成熟、成本低、占地面积小等优点。

污水处理工程的工艺主要包括预处理、厌氧—缺氧—好氧(AAO)生物处理、深度处理等,污水处理后水质能达到国家一级 A 类排放标准。城市污水处理工程工艺布置平面图如下图所示。

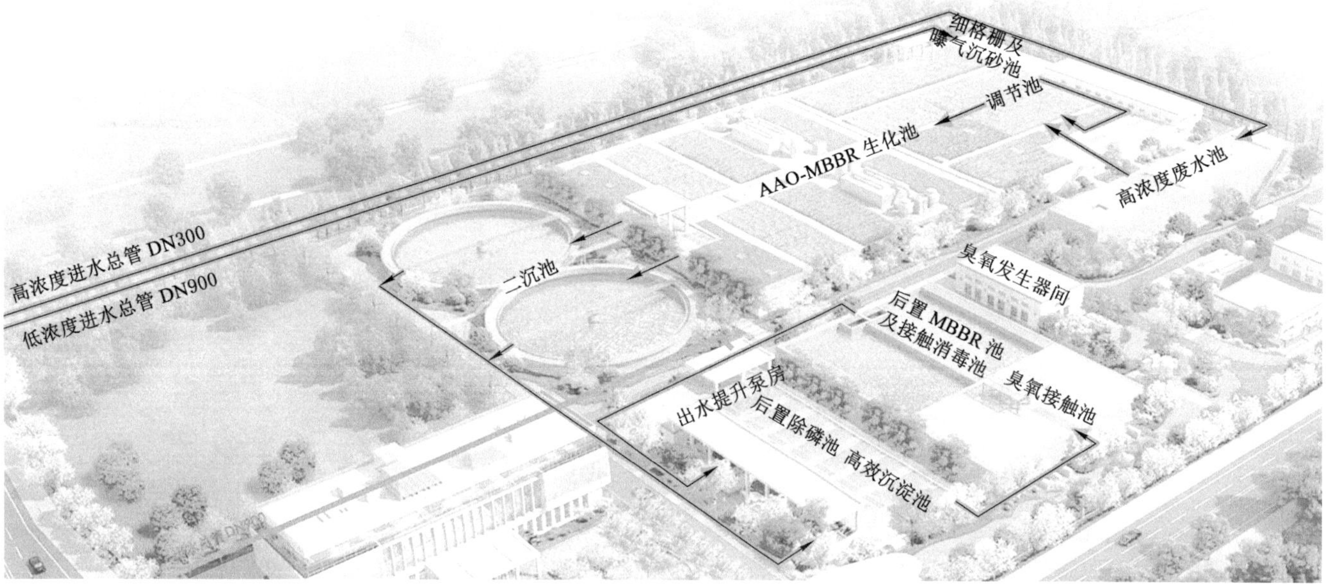

2. 污水处理工程工艺流程

城市污水处理工程工艺流程如下图所示。

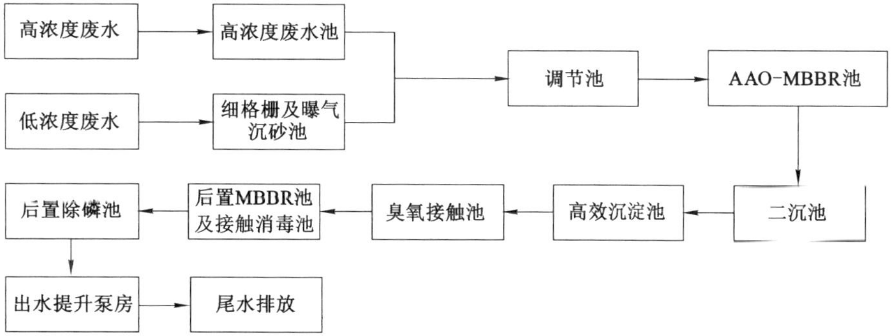

3. 污水处理工程名词解释

城市污水:主要包括生活污水及工业污水,由城市排水管网汇集送到污水厂进行处理,处理后达到国家排放标准。

预处理:应用物理方法,通过筛滤、沉淀等去除污水中不溶解的悬浮固体及漂浮物质。主要单体建筑包括初沉池、细(粗)格栅及曝气沉砂池、调节池及渠道、提升泵房等。

AAO 生物处理:通过微生物的代谢作用进行物质转化的过程,将污水中各种复杂的有机物降解成简单的物质。主要单体建筑包括生物厌氧池、缺氧池、好氧池及内、外回流渠道等。

深度处理:应用絮凝、过滤、臭氧消毒等物理化学方法去除污水中难溶解的有机物、磷、氮等营养性物质,以达到国家一级排放标准。主要单体建筑包括高效沉淀池、后置 MBBR 池、臭氧接触池等。

(二) 主要单体建筑组成及施工工艺流程

1. 主要单体建筑组成

(1) 组合池一

组合池一由初沉池、细格栅及曝气沉砂池、提升泵房、调节池、浓缩池、MBBR 池、生化池、污泥泵房等组成,其设备主要包括立式搅拌机、细格栅、非金属链板刮砂机、潜污泵、双曲面搅拌机、浓缩机、搅拌器、硝化液内回流泵、潜污轴流泵等。

(2) 二沉池

二沉池为大直径圆形构筑物,其设备主要包括工作桥及传动机构、出水堰、刮吸泥系统等。

(3) 组合池二

组合池二由高效沉淀池、除磷池、出水泵站等组成,其设备主要包括刮泥浓缩机、稳流筒、蜂窝斜管、快速及慢速搅拌机、污泥螺杆泵等。

(4) 臭氧接触池+后置 MBBR 池

臭氧接触池+后置 MBBR 池由臭氧投加系统、臭氧循环系统、尾气破坏系统、底部穿孔曝气系统等组成,其设备主要包括臭氧循环动力泵、缓冲池曝气管、分离罐、回流筛网、不锈钢闸门等。

(5) 污泥脱水干化机房

污泥脱水干化机房由板框压滤机系统,低温干化设备系统,干、湿污泥料仓,加药及投加系统等组成,其设备主要包括湿污泥滑架料仓、冷却塔机组、循环泵、倾斜刮板输送机、湿污泥出料双螺旋输送机、全自动板框脱水机、污泥切割机等。

（6）高浓度废水池

高浓度废水池由高浓度废水收集系统、布水系统、厌氧反应器、沼气系统、加药系统等组成，其设备主要包括提升泵、三相分离器、沼气水封罐、封闭式沼气燃烧器等。

2．施工工艺流程

主要单体建筑施工工艺流程示意图如下图所示。

桩基施工 → 土方开挖 → 结构施工 → 满水试验 → 防腐施工 → 设备、电气安装 → 单机、联动清水调试

（三）安全管控重点、难点及对策

重点及难点 1	工程单体多、工期紧、平行交叉作业多、安全管理难度大
分析	因工程构筑物数量较多，施工时平行交叉作业多，基坑支护、地基与基础施工、主体结构施工、机电安装等涉及的危险源数量较多，给安全管理工作带来极大的挑战
对策	（1）根据工程工艺特点，以及场地分布情况，在施工安排上合理划分施工分区，各区分块平行组织流水施工。 （2）对工程施工中的风险因素进行辨识，由项目技术负责人组织制定相应的管理措施和技术方案。 （3）成立由项目经理任组长的安全风险管控领导小组，定期开展全面安全隐患排查，并形成记录。通过各类隐患排查，确保安全生产管理方案和技术方案执行到位，避免发生安全事故
重点及难点 2	基坑较深，基坑支护及土方开挖风险大
分析	污水处理工程构筑物基本上多为半地埋式或下沉式结构，且基坑深浅不一，通常粗格栅和提升泵房开挖深度最大。结合不同项目周边环境和地质条件，应采取不同的基坑支护形式，需要全面考虑各种不利因素，制定有针对性的安全管控措施
对策	（1）对基坑设计方案进行审查，组织有关专家与设计单位深入沟通，确保设计方案合理。 （2）编制基坑专项施工方案，提交专家论证通过后方可实施。 （3）加强与业主委托的第三方基坑监测单位联系，及时掌握基坑及周边管线情况、构筑物沉降量等，同时采取有效措施。

续表

对策	(4) 根据地质勘查文件,做好基坑降水方案。 (5) 保证围护结构和止水帷幕施工质量,确保基坑安全。 (6) 利用信息化手段,及时发现基坑风险,设置基坑位移、变形等报警值。 (7) 充分利用先进的深基坑施工方法,保证基坑施工安全
重点及难点 3	超大水池结构高大模板支撑系统施工安全管理难度大
分析	水池构筑物结构尺寸大、壁薄、结构层次复杂。通常底板厚度 600～2 000 mm,侧墙厚度 500～1 000 mm,池体高度 7～13 m,因此施工过程中高大模板支撑系统施工、混凝土浇筑是安全管控重点及难点
对策	(1) 超大水池采用分层施工设置水平施工缝,分阶段施工到位。 (2) 底板、侧墙采用钢管、方木作为支撑体系,底板采用钢管斜撑稳固,侧墙采用钢管、钢索一拉一撑稳固,并设置水平对拉止水螺栓紧固钢管支撑。模板采用钢模板及复合竹胶板,可以充分发挥复合竹胶板的强度高、韧性好、安装方便(可锯、可钉)的优点。 (3) 顶板承重支撑采用盘扣式支模架,模板采用复合竹胶板。 (4) 侧墙施工时,内外架铺设钢跳板,以保证作业人员施工安全
重点及难点 4	有限空间防腐施工风险高
分析	构筑物池体内防腐一般采用防腐砂浆、聚脲,在有限空间内施工,容易造成作业人员中毒、池体内发生火灾爆炸等事故
对策	(1) 防腐区域的施工人员要精简、高效,在施工区域内尽量避免上下交叉作业,作业人员穿戴防护服、防毒面具。 (2) 池体内采取有效的通风措施。 (3) 在防腐施工区域 10 m 内设置警戒区域,并设置醒目的“禁止烟火”标志牌,严禁进行焊接、切割等动火作业和人员吸烟。在防腐施工及警戒区域内进行动火作业时,必须严格按照一级动火作业要求,执行动火作业许可制度。 (4) 对进入现场的所有人员进行专项检查,不允许携带香烟和火种,对违反规定的进行处罚

二、常见风险及管控措施

（一）基坑工程

序号	风险点	风险分析	管控措施	相关图例
1	基坑开挖	(1) 基坑开挖无专项施工方案。 (2) 基坑开挖未分段、分层开挖。 (3) 基坑开挖前未及时设置支护结构。 (4) 基坑边缘堆载。 (5) 基坑放坡过陡，未按方案要求执行	(1) 严格按设计文件、基坑专项施工方案和技术交底文件施工，严格控制基坑土方分层开挖厚度、开挖坡度。 (2) 应遵循“先支撑，后开挖”原则。 (3) 土方开挖期间加强基坑监测频率，以监测结果动态指导施工。 (4) 坡顶严禁堆积荷载。 (5) 加强现场日常巡视、巡查，确保基坑工程安全。 (6) 应急措施： ① 出现险情时，现场人员从安全通道有序疏散，同时对可能受到影响的构筑物周边的人员进行疏散。 ② 通知相关管线单位，根据影响程度进行管线监护和处置。 ③ 会同相关部门对影响到的周边道路进行调整和交通疏解。 ④ 在具备条件和不危及人员安全的前提下补强支撑，并对坡脚处进行土方回填。 ⑤ 尽量减少动载、进行坡顶卸载。 ⑥ 杜绝任何流入基坑边坡内的水源	 基坑开挖

续表

序号	风险点	风险分析	管控措施	相关图例
2	基坑施工	(1) 深基坑开挖后,地基卸载,土体中压力减少,土的弹性效应将使基坑底面产生一定的回弹变形(隆起)。 (2) 基坑面积大,发生浸水或暴露时间太长,极易引发基底隆起。 (3) 当地下水位高出底板时,该深度范围内又刚好落在局部粉土层上,可能会发生因地下水将砂带走而出现流砂现象。 (4) 基坑周边防护措施不到位。 (5) 基坑周边未设置安全警示标志。 (6) 基坑周边护栏下部未设置踢脚板	(1) 基坑周边防止超载,采用有效抽排明水及降水方案。 (2) 基坑采用机械挖土时,坑底应保留 200～300 mm 厚基土,用人工清理整平,防止扰动坑底土。20 cm 层人工挖土、基底排水盲沟和素混凝土垫层要在 24 h 内完成,随后立即浇筑底板,底板混凝土浇筑要在垫层浇筑完后的最短时间内完成。 (3) 开挖前对围护结构可能渗漏的部位做必要的技术处理,基坑开挖过程中加强基底隆起监测。 (4) 基坑采用管井降水和坑内设集水井明排疏干时,各种抽水设备必须设置滤网防止抽水将砂带走。 (5) 确保分段分层开挖,必要时要在出水量大的地段预埋排水盲管引水,确保排水通畅,防止将粉细砂带走。 (6) 开挖过程中遇到轻微漏砂时,必须及时进行堵漏,插滤网导流管,防止漏失量增大。 (7) 基坑四周应设防护栏。 (8) 基坑周边应设置醒目安全警示标志。 (9) 为防止地面杂物掉入基坑,在基坑周边护栏下部应设置踢脚板。 (10) 应定期安排专人进行巡查,定期维护,发现问题及时进行修复	 基坑施工  集水井

续表

序号	风险点	风险分析	管控措施	相关图例
3	机械操作	(1) 施工机械有缺陷。 (2) 违反机械操作规程。 (3) 未采取安全防护措施	(1) 施工机械进场前应组织验收,经验收合格后方可进场。 (2) 加强安全教育培训、安全操作规程培训。 (3) 严格执行作业标准、强化过程检查	 起重吊装设置警戒区域
4	起重吊装	(1) 吊装作业范围内有其他人员。 (2) 起重机吨位不满足要求。 (3) 吊点设置不规范。 (4) 违章指挥	(1) 吊装过程中除相关作业人员外其他作业人员必须避开吊装作业半径。 (2) 根据起吊物体质量选择合适的起重机械,并规范设置吊点。 (3) 起重吊装的指挥人员必须持证上岗,作业时应与操作人员密切配合,执行规定的指挥信号。 (4) 严禁使用起重机进行斜拉、斜吊	 起重吊装
5	临时用电	(1) 带电设备(设施)或电缆线路老化、破皮。 (2) 使用不合格的电动工具,用电设备(设施)或电缆线路未安装或安装不合格的漏电保护装置	(1) 加强现场用电管理,带电设备或电缆检查合格后方可使用,所用配电箱必须为贴有"CCC"认证标志的配电箱,接地装置完好。 (2) 采用 TN-S 接零保护系统,所有用电设备必须符合"一机一闸一箱一漏电保护"要求,电缆满足三相五线制要求,单相用电设备电缆必须为三芯电缆,电缆规格必须满足用电设备功率和绝缘性要求,且用电设备必须有可靠有效的接地装置,做到安全用电。 (3) 用电设备维修时必须关闭对应配电箱,并且在维修设备上悬挂"禁止合闸　有人检修"警示牌。照明线路与动力线路分开设置	 配电箱防护棚

（二）钢筋工程

序号	风险点	风险分析	管控措施	相关图例
1	钢筋加工	(1) 加工机械操作人员监管不严，无关人员擅自进出加工场地。 (2) 工人不经加工人员允许，擅自操作	(1) 操作人员在作业过程中，应集中精力正确操作，注意机械工况，不得擅自离开工作岗位或将机械交给其他无证人员操作。 (2) 无关人员不得进入作业区或操作室内。 (3) 加工棚内显眼位置应张挂安全操作规程牌	 钢筋加工
2	钢筋吊装	(1) 吊运易散落物件时，操作不规范。 (2) 起重作业时，指挥不到位，行走线路不正确	(1) 当吊运易散落物件时，应使用吊装料斗。 (2) 起重机作业时，任何人不应停留在起重臂下方，被吊物不应从人的正上方通过。 (3) 起重作业时，应有专人指挥	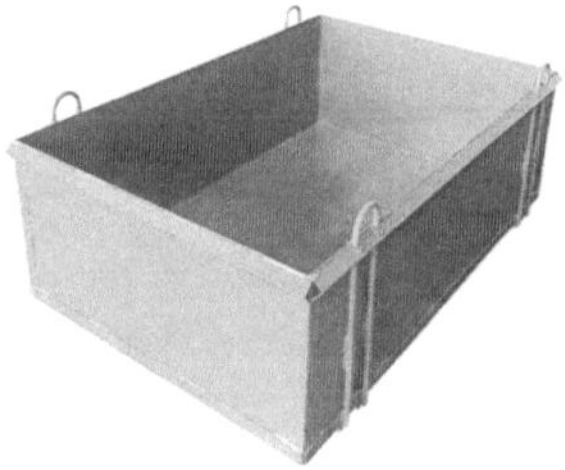 吊装料斗
3	钢筋焊接	(1) 电焊工无证上岗。 (2) 违反操作规程	(1) 按规定作业前须办理动火作业审批许可手续。 (2) 操作人员须持证上岗，并熟知和掌握安全操作规程。 (3) 焊接作业前，由持证的专业电工进行规范接线。 (4) 作业过程中要有监护人实施监护	 钢筋焊接

（三）模板支撑架、外脚手架工程

序号	风险点	风险分析	管控措施	相关图例
1	支撑架、外脚手架专项施工方案	(1) 未编制专项施工方案。 (2) 方案未进行技术交底	(1) 按规定编制专项施工方案。 (2) 方案按相关要求进行审核。 (3) 方案实施前对作业班组、施工员、安全员进行方案交底并做交底记录，方案交底由技术负责人组织并经编制人员进行	 脚手架搭设
2	支撑架、外脚手架基础	基础不坚实、不平整，承载力不符合专项施工方案要求	(1) 基础承载力应满足搭设要求。 (2) 根据方案进行施工，做好标高过程测量控制，确保基础平整度不超允许偏差。 (3) 基础施工完毕进行检查，不符合要求的进场整改。 (4) 确保基础合格后再进行搭设	 支撑架基础
3	支撑架、外脚手架搭设	(1) 作业人员未持证上岗，作业不规范。 (2) 搭设、拆除作业时未设警戒标志。 (3) 未对楼面结构的承载力进行验算，楼面结构下方未采取加固措施，有坍塌安全隐患	(1) 确保作业人员持证上岗，作业时加强监督，避免违章作业。 (2) 支撑架搭设时采用彩条绳设警戒标志或围挡。 (3) 计算承载力，编制施工方案，采取加固措施。 (4) 根据方案进行搭设。 (5) 搭设架体过程进行楼面结构下方监督检测，发现异常，立即采取应急措施	 脚手架搭设作业

续表

序号	风险点	风险分析	管控措施	相关图例
4	支撑架、外脚手架材料	(1) 扣件材料不符合要求。 (2) 钢管壁厚未达到设计要求;钢管弯曲变形或锈蚀严重等外观不符合要求。 (3) 托撑不符合要求	(1) 扣件材质进场需第三方检测。 (2) 验收钢管壁厚,严禁出现弯曲、裂缝或严重锈蚀的钢管用于支撑架搭设。 (3) 检查验收托撑质量,可调托座螺杆外径不小于 36 mm。 (4) 上述材料进场检查合格证	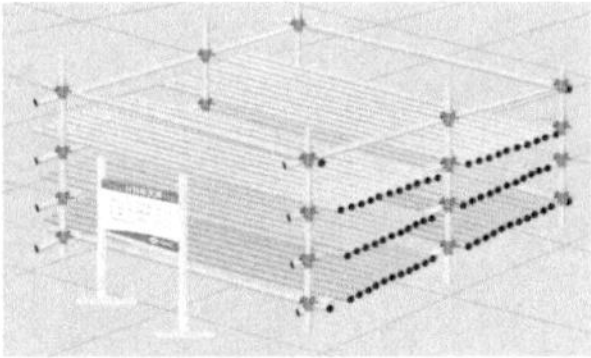 钢管材料堆放
5	支撑架、外脚手架基础	未设置排水设施,导致模板支撑架基础发生浸泡	(1) 根据现场实际情况按方案设置有效的排水设施。 (2) 专职安全管理人员进行检查,发现存在积水未设置排水设施的,立即安排专人限期整改	 排水沟设置
6	支撑架底座	螺杆直径与立杆内径不匹配,支架有坍塌风险	检查螺杆直径与立杆内径是否相匹配,不匹配进行更换	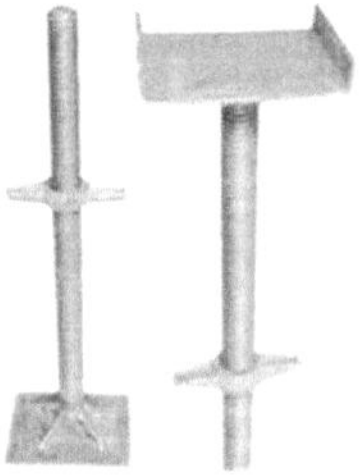 支撑架底座

续表

序号	风险点	风险分析	管控措施	相关图例
7	剪刀撑	未按规范要求设置竖向剪刀撑或专用斜杆	(1) 根据现行国家标准《建筑施工脚手架安全技术统一标准》(GB 51210—2016)的要求，每道竖向剪刀撑的宽度宜为6～9 m，剪刀撑斜杆与水平面的倾角应为45°～60°。 (2) 检查剪刀撑的设置宽度和倾角，不符合要求的拆除后重新设置	 剪刀撑设置
8	模板堆载	(1) 钢筋等材料在模板上堆放集中，模板过载。 (2) 施工机具堆放集中，模板过载	(1) 材料分散堆放，严格限制材料堆放高度或层数。 (2) 施工机具放置保持一定的距离	 模板堆载

续表

序号	风险点	风险分析	管控措施	相关图例
9	支撑架过载	因混凝土集中浇筑或上部堆载不符合方案要求，导致支撑架局部荷载过大	(1) 严格控制支撑架上部荷载，避免超载。 (2) 浇筑混凝土时对支撑架的基础沉降、架体变形采取监测措施，避免因超载影响支撑架安全	 支撑架监测
10	支撑架拆除	(1) 未达到模板拆除条件时开始拆除作业，如混凝土强度未达要求。 (2) 模板支撑架拆除未按方案实施，支撑架拆除顺序错误。 (3) 模板拆除未经技术负责人认可	(1) 模板拆除应满足现行国家标准《混凝土结构工程施工规范》(GB 50666—2011)的要求；混凝土强度经实验室试压后确定。 (2) 模板支撑架拆除先上后下，松脱立杆顶端托撑，拆除模板大、小支撑梁，再拆除上端水平系杆并依次向下拆除水平杆，当立杆无水平杆连接时应立即拆除。严禁支撑体系全部拆除后才拆除模板。 (3) 模板拆除前经技术负责人确认后实施	 支撑架拆除

续表

序号	风险点	风险分析	管控措施	相关图例
11	模板拆除	(1) 拆模作业区未进行隔离，作业区内有其他工种作业。 (2) 拆除临边模板时无可靠操作平台，工人未系挂安全带。 (3) 拆模中途停歇时间，未将已拆松动、悬空、浮吊的模板或支架进行加固	(1) 拆除作业区应设围栏，其内不得有其他工种作业，并应设专人负责监护。 (2) 拆除临边支架时应设置安全绳，工人系挂安全带。 (3) 如遇中途停歇，应将已拆松动、悬空、浮吊的模板或支架进行临时支撑牢固或相互连接稳固，对活动部件必须一次拆除	 安全绳设置

（四）满水试验

序号	风险点	风险分析	管控措施	相关图例
1	洞口防护	洞口未设围挡或围挡不到位	(1) 参加满水试验的施工人员必须进行安全教育，制定安全操作规程。 (2) 水池洞口必须有栏杆，栏杆高度 1.2 m。 (3) 水池管理人员不准随便越栏工作，如需越栏工作必须穿好救生衣并有人监护。 (4) 禁止踩踏水池上部木制盖板	 水池洞口防护

续表

序号	风险点	风险分析	管控措施	相关图例
2	水池满水试验	(1) 作业人员安全防护意识不强。 (2) 未设置警戒区域	(1) 向池内注水期间和蓄水后，严禁擅自下水；需在水中作业时，应选派熟悉水性的人员操作，并采取防溺水措施。 (2) 加强人员教育交底，试验过程进行监管。 (3) 水池满水试验的池壁周围应划定警戒区域，设防护栏杆和安全警示标志，非施工人员不得入内。 (4) 水池满水试验观测水位的人员应设两人，工作时必须走安全梯、作业平台、工作便桥，系安全绳。观测人员应位于作业平台上，两人相互配合，一人观测，另一人进行监护。 (5) 水池满水试验灌水后要做好防护措施，入水口安排专人看守，严禁其他无关人员靠近，以防坠落发生溺水事故	 水池满水试验
3	夜间试验	夜间照明设置不足，影响安全作业	夜间作业应设充足的照明，作业时设监护人	 夜间照明

（五）防腐工程

序号	风险点	风险分析	管控措施	相关图例
1	高处作业	(1) 高处作业未搭设作业平台，未设置上下安全通道。 (2) 高处作业未设置安全绳，悬挂安全网、防坠网。 (3) 高度较高时使用移动式操作平台	(1) 高处作业前，必须进行安全技术交底，对危险源识别清楚后方可施工。 (2) 作业前必须搭设安全稳定的作业平台，并设置上下安全通道。 (3) 高处作业区域应设置安全绳，悬挂安全网、防坠网。 (4) 作业高度较高时，严禁使用移动式操作平台，条件允许时采用升降车	 防腐高处作业
2	动火作业	(1) 未在施工区域内设置“禁止烟火”警示标志。 (2) 防火措施不到位。 (3) 临时用电不安全、不规范	(1) 在防腐施工区域 10 m 内设置警戒区，并设置醒目的“禁止烟火”标志，严禁进行焊接、切割等动火作业和人员吸烟。 (2) 对进入现场的所有人员进行专项检查，不允许携带香烟和火种，对违反规定的进行处罚。 (3) 在防腐施工及警戒区域内进行动火作业时，必须严格按照一级动火作业要求，执行动火作业许可制度。动火作业过程中，严格遵守安全技术规程。 (4) 在防腐施工区域内使用的电气设备、动力线、照明设备及开关应选防爆型。 (5) 通风电气设备必须有可靠接地，防止产生电火花。 (6) 施工现场照明灯具必须系牢，并带有灯罩和钢保护圈，灯线必须使用胶布线，不能漏电。 (7) 所有电气工具在使用前要进行安全检查。 (8) 照明电源要配备漏电保护器。 (9) 施工结束后，要关闭电气开关，切断电源，封闭施工区域	 电焊遮光板

续表

序号	风险点	风险分析	管控措施	相关图例
3	有限空间防腐施工	(1) 防腐作业人员未穿戴防护服及防毒面罩。 (2) 通风不到位或无通风措施	(1) 加强对作业人员安全教育及危险源交底。 (2) 施工作业时派专职监督人员,发现作业人员身体不适,立即将其送至池顶或通风顺畅的区域。 (3) 严格要求防腐作业人员穿戴防护服及防毒面罩。 (4) 在池体内等有限空间防腐施工时,池顶检修口或检查口设置风机,从而减少池体内有毒气体浓度	 佩戴防毒面具

（六）设备及管道安装

序号	风险点	风险分析	管控措施	相关图例
1	初沉池立式搅拌机安装	(1) 高处作业。 (2) 搅拌轴吊点不在重心,起吊设备导致伤害	(1) 选用合适的吊点。 (2) 按照安装方案,做好高处作业防护措施	 立式搅拌机安装

续表

序号	风险点	风险分析	管控措施	相关图例
2	细格栅及曝气沉砂池细格栅安装	(1) 高处作业。 (2) 起重机站位区域为基坑回填土	(1) 进行安全培训,遵守操作规程。 (2) 专人指挥,吊装区域设警示牌、拉安全绳。 (3) 起重机站位处地基承载力满足要求	 细格栅安装
3	板框压滤机安装	板框压滤机位于脱水机房二层楼面 ,涉及安装和土建穿插施工,设备安装后需做好成品保护	(1) 施工前,对土建、安装专业相关人员进行技术交底,脱水机、板框压滤机采用整体吊装就位,必须在二层楼板结构施工完毕、基础混凝土强度达到设计要求后,方可吊装设备就位。 (2) 设备就位后需要对设备进行保护,利用随车帆布对设备进行包裹;在设备上方铺上木板	 板框压滤机成品保护
4	MBBR池填料	填料为易燃品,容易发生火灾	(1) 加强安全培训,遵守操作规程。 (2) 填料严格按方案和技术交底实施。 (3) 制定动火审批制度,严禁无动火证动火。 (4) 动火时,有动火监护人。 (5) 制定火灾应急预案,加强火灾教育交底和应急演练	 填料安全培训

续表

序号	风险点	风险分析	管控措施	相关图例
5	工艺管道安装	(1) 触电。 (2) 高处坠落。 (3) 火灾。 (4) 物体打击	(1) 临时用电按施工组织设计文件架设,开关箱要防潮、绝缘、加锁,接地符合要求;手持电动工具要配漏电保护器。 (2) 高处作业时应穿戴好劳动防护用品,系好安全带。作业区要设上下通道、安全溜绳,并做好安全保护措施。 (3) 焊接作业人员必须持证上岗,严格遵守“十不焊”规定。电焊机设防雨罩及接零保护措施,下班前关掉电源。 (4) 高处施焊时,下层或地面要清理所有易燃易爆物品,采取接火盆等防护措施,配备灭火器,并设专人监护。 (5) 吊装前必须仔细检查起重机作业点、吊具、索具是否符合要求;作业时,吊装区域应设置警戒标志,并设专人现场监护	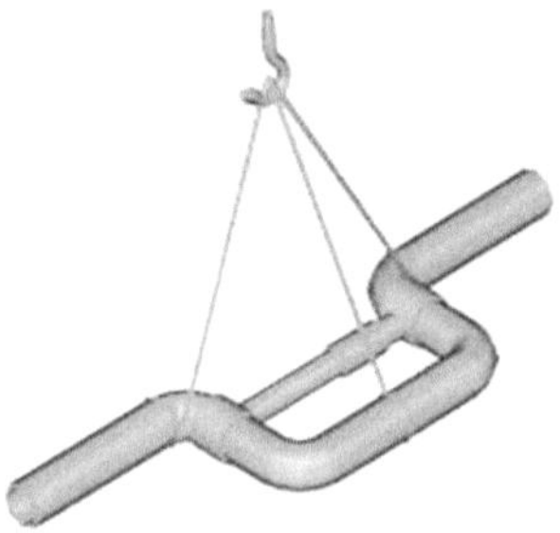 工艺管道吊装
6	池底设备调试调整	(1) 有毒气体、腐蚀性气体导致施工人员中毒。 (2) 易燃易爆气体发生爆炸	(1) 施工前,对有毒气体、腐蚀性气体以及易燃易爆气体进行气体浓度检测。 (2) 池底通风措施到位。 (3) 进行安全培训,遵守操作规程	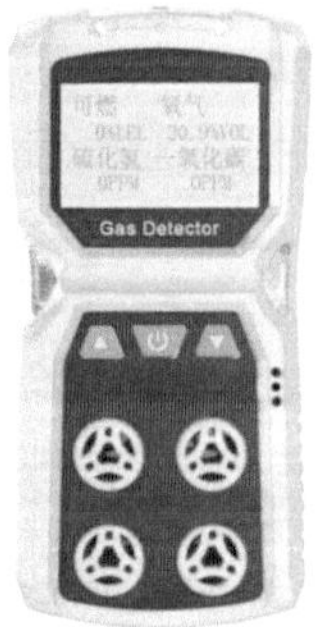 有害气体检测

（七）室外管网工程

序号	风险点	风险分析	管控措施	相关图例
1	管沟基坑支护	管沟基坑未进行基坑支护设计就进行开挖，易发生基坑坍塌的风险	（1）严格按照基坑支护设计方案组织基坑支护施工。 （2）基坑支护施工前，做好安全技术交底和班前教育	 管沟基坑
2	开挖机械	（1）施工机械回转半径范围内有作业人员。 （2）重型机械作业无人员指挥或指挥信号不明确。 （3）机械作业场地不坚实，机械在基坑边缘或斜坡上作业未采取有效措施，造成倾翻。 （4）基坑周边未设置围护栏杆及警示标志。 （5）基坑未设置上下通道	（1）施工机械回转半径范围内禁止人员作业或人员穿行，在机械上张贴警示标志，并指派专人现场监控。 （2）重型机械作业时必须指派专业指挥人员进行指挥。 （3）机械操作人员必须持证上岗，并定期进行复查。 （4）作业前平整场地，地基承载力不满足要求时，采用路基箱或钢板铺垫，且设备下部垫枕木或支撑物保证平稳，机械不宜在斜坡上作业。必须在基坑边缘或斜坡上作业时应采取有效措施。 （5）基坑周边必须设置高度符合要求的防护栏杆，并加设警示标志。 （6）基坑必须设置上下通道	 张贴警示标志

续表

序号	风险点	风险分析	管控措施	相关图例
3	临时用电	(1) 临时用电未编制专门的方案。 (2) 临时用电设施布设不合理、不规范。 (3) 临时用电设备无防护措施。 (4) 临时用电设施管理、维护不及时,临时用电线路老化、私拉乱接。 (5) 开挖时未摸清地下用电线路埋设情况,盲目组织施工	(1) 临时用电应编制临时用电组织设计/施工方案并按方案实施,采用三级配电、二级漏电保护系统。 (2) 禁止在水池、水沟或水区域内敷设临时用电线路;临时用电系统应按照规范要求设置接地、接零系统,且接地、接零系统不得混接。 (3) 临时用电设备应根据规范要求设置防雨、防尘等装置,对裸露的带电部分应配置绝缘材质进行隔离防护。 (4) 临时用电设施投入使用前应制定安全管理制度,设施投入使用后,设专人定期巡查和管理,并做书面记录;各级配电箱应明确专人负责,定期检查,发现隐患及时处理;对临时用电线路进行日常巡检,发现临时用电线路老化及时处理,杜绝私拉乱接。 (5) 开挖前必须摸清地下用电线路埋设情况,严禁盲目组织施工	 配电箱防护

（八）有限空间作业

序号	风险点	风险分析	管控措施	相关图例
1	安装作业	（1）有限空间安装作业无专项施工方案，无安全技术交底。 （2）有限空间安装作业无应急预案。 （3）有限空间安装作业安全措施不到位。 （4）有限空间安装作业无专人监护	（1）编制专项施工方案，审批及交底手续应齐全。 （2）制定可行的应急预案。 （3）安装作业区域应采取有效的安全措施。 （4）安排专人对安装作业进行监护	 有限空间安装作业
2	动火作业	（1）有限空间内作业人员安全意识不强。 （2）动火前未将易燃物清理干净	（1）加强安全培训，遵守操作规程。 （2）制定动火审批制度，严禁无动火证动火。 （3）动火时，有动火监护人。 （4）进入有限空间前用仪器检测易燃气体浓度，并检查易燃物是否清理干净。 （5）在入口 10 m 内设置警戒区域，并设置醒目的“禁止烟火”标志。 （6）制定火灾应急预案，加强火灾教育交底和应急演练	 有限空间动火作业

续表

序号	风险点	风险分析	管控措施	相关图例
3	有害气体控制	(1) 进入有限空间前未检测其内部有毒有害气体及氧气浓度。 (2) 未采取有效的通风措施。 (3) 作业人员未采取防护措施	(1) 严格执行“先检测、后作业”的原则,未经检测合格,严禁作业人员进入有限空间。 (2) 作业前和作业过程中,可采取强制性持续通风措施降低危险,保持空气流通,严禁用纯氧进行通风换气。 (3) 应为作业人员配备符合国家标准要求的通风设备、检测设备、照明设备、通信设备、应急救援设备和个人防护用品	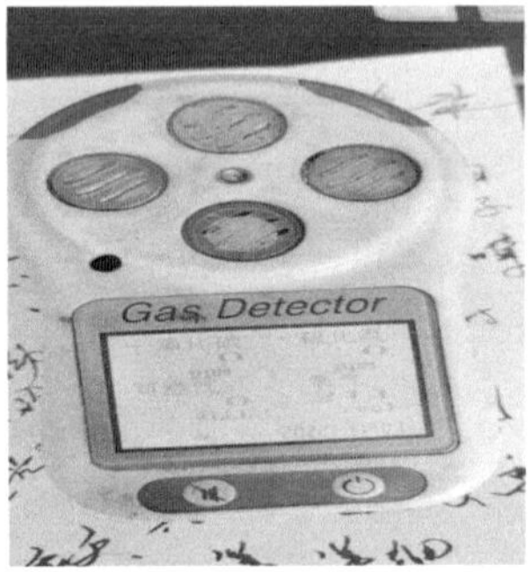 有害气体检测

三、案例分析

(一) 淹溺事故案例分析

1. 事故经过

2020 年 5 月 23 日 20 时 55 分,维修班长蔡某平带 4 名辅助作业人员对管道内壁进行打磨时,堵在出水管与配水池连接处管口的安全气囊突然破裂,配水井中的水瞬间沿管道开口喷出,涌入正在检修的工作面地坑内,并将现场作业坑迅速淹没。蔡某平因小腿以下部位被卡在管道开口而无法脱身。现场辅助作业人员包某崇和从办公室赶来的侯某勃在保证自身安全的情况下下水施救,同时,公司办公室员工刘某铭第一时间报消防队和 120 急救中心请求援救,并迅速关停提升泵、闸断其他二沉池进水阀门、放空 V 形滤池等,尽一切办法切断进水。因作业坑瞬间全部被淹,且配水井的水仍不断从开口处喷出,高压力的水流导致施救人员数次施救无果,加上蔡某平已经被卡在管道开口处,现场施救人员最终没能把蔡某平拉上来。事故造成一名工人死亡,直接经济损失 176 万元人民币。

2. 原因分析

(1) 直接原因

安全气囊突然爆裂导致配水池连接管封堵失效,水流涌入连接管,经预留焊接开口涌出,死者蔡某平被卡在开口处溺水,是造成事故发生的直接原因。

(2) 间接原因

污水处理公司制定维修实施方案时,未对施工过程中的重大风险进行评估,安全生产隐患排查不彻底,未排查出安全气囊可能爆炸导致配水池连接管封堵失效的事故隐患,未采取二次防护措施隔离配水池管道等措施。

3. 事故性质

事故调查组经调查认定,该起淹溺事故是一起一般生产安全责任事故。

4. 对事故有关责任单位的处理建议

污水处理公司对事故负有责任,依据《中华人民共和国安全生产法》(以下简称《安全生产法》)和《生产安全事故报告和调查处理条例》等有关法律法规的规定,建议由应急管理部门对该污水处理公司进行行政处罚。

(二) 坠落事故案例分析

1. 事故经过

2020 年 6 月 19 日 14 时 30 分,劳务分包单位现场负责任人常某忠雇用的挖掘机(司机刘某博)在排水总公司院内的高级氧化池北侧平整土地,并在该场地根据前几日画好的白灰线(6 月 11 日,常某忠安排本公司员工宋某岭根据图纸画一条用于挖电缆沟比照的白灰线)从东往西挖一条通到排水阀门井(事故发生井)的电缆沟(深 0.5 m,宽 0.3 m)。

6 月 19 日中午,当日休班的宋某岭得知下午挖掘机要比照前几日画好的白灰线开始挖电缆沟,为了印证前几日画的白灰线是否准确,自行来到施工现场进行查看,此时排水阀门井的井口被之前在其附近挖管道沟翻出的砂土形成的土堆覆盖,不能观察到井口的具体位置,宋某岭便用铁锹将排水阀门井上的砂土铲井。17 时左右,覆盖在井口上面的砂上被逐渐铲除掉,露出了排水阀门井井口上面的临时性木质盖板。此时,距离排水阀门井东侧 2~3 m 的挖掘机司机刘某博发现站在井口铲除砂土的宋某岭突然掉入井内。随后,贺某军、尹某健、王某军在未佩戴防护用品的情况下,先后到井下进行施救,贺某军、尹某健晕倒在井底,王某军在井下感到不适,开始向井口爬。最终,宋某岭、王某军经抢救无效死亡,尹某健、贺某军经治疗后出院。

2. 原因分析

(1) 直接原因

① 物的不安全状态。井口周边的砂土没有彻底清除达到平坦状态，排水阀门井临边土堆呈 30°～45°斜坡，地面不符合人体站立的安全环境。

② 人的不安全行为。宋某岭安全意识淡薄，在没有被安排工作的情况下私自进入危险作业场所施工，危险辨识不足，且未采取任何防护措施，就移开覆盖在排水阀门井井口的临时性木质井盖，失足坠落到 5.9 m 深的井底。

贺某军、尹某健等人在未穿戴任何防护用品、安全用具的情况下，先后盲目冒险下井施救，是导致事故扩大的原因。

(2) 间接原因

① 劳务分包单位，一是未经总承包单位批准私自雇佣人员和设备进行施工，且对人员、设备的培训管理不到位。二是未按照原施工方案进行施工组织。三是现场管理不到位，作业人员违反规定私自进入施工现场，盲目作业。

② 总承包单位，一是对项目部管理不到位，公司派驻的项目经理长期不在岗，对员工的教育培训不到位，员工安全意识淡薄。二是应急救援演练及培训不到位，应急预案编写及演练流于形式，没有组织过有限空间作业的全员培训，盲目冒险施救，导致被困人数增加，事故扩大。三是项目部对施工现场缺乏管理，安全技术交底流于形式，对机具设备和人员的违规进场作业检查不到位，对现场的施工作业及进度情况不了解。

③ 监理单位，一是对总承包单位项目经理长期不在岗的情况监理不到位。二是对施工作业现场的监理不到位，不清楚事故发生当天的人员及设备施工情况，未发现没有经过培训的外来人员及设备进场施工作业。三是对施工单位未按规定进行应急救援演练、未按规定进行有限空间作业全员培训等问题未及时发现纠正。

3. 事故性质

这是一起因现场管理缺失且不遵守总承包单位的安全生产管理规定，作业人员安全意识淡薄，盲目施救导致的一起一般生产安全责任事故。

4. 对事故有关责任人员及责任单位的处理建议

(1) 建议企业内部处理的人员

常某忠，劳务分包单位现场负责人，违反总承包单位安全管理规定，擅自改变施工方案，私自雇佣挖掘机进行现场作业，未对现场作业人员实施有效的安全管理，未对有关安全施工的技术要求向施工作业人员做出详细说明，对事故的发生负有责任，建议解除其劳动合同,处理结果报市应急管理局备案。

贺某军,劳务分包单位员工,盲目施救,在没有穿戴任何防护用品、安全用具的情况下下井进行救援,导致自己被困井中,建议解除其劳动合同,处理结果报市应急管理局备案。

王某雷,总承包单位项目部安全员,安全检查不到位,现场施工的排水阀门井附近没有设置安全警示标志,安全培训教育不到位,对事故的发生负有责任,建议由公司内部进行处理,处理结果报市应急管理局备案。

尹某健,总承包单位项目部电气工长,安全意识淡薄,不具备有限空间作业施救的知识,在没有穿戴任何防护用品、安全用具的情况下下井进行救援,对事故扩大负有责任,建议免去其电气工长职务,处理结果报市应急管理局备案。

豆某锋,总承包单位项目部副经理,现场安全管理不到位,对员工的安全培训教育不到位,对事故的发生负有责任,建议由公司内部进行处理,处理结果报市应急管理局备案。

吴某斌,总承包单位副总经理兼项目部经理,长期不在岗,管理不到位,对员工的安全培训教育不到位,没有组织有限空间作业的应急救援演练,没有组织全员有限空间作业培训,对事故的发生负有责任,建议由公司内部进行处理,处理结果报市应急管理局备案。

王某焕,监理单位监理工程师,现场监理不到位,对现场施工的挖掘机和人员的作业情况没有及时发现,没有及时发现项目经理长期不在岗导致各项应急预案落不到实处,对事故的发生负有责任,建议由公司内部进行处理,处理结果报市应急管理局备案。

田某鹏,监理单位总监代表,现场监理不到位,应急预案针对性不强,对事故的发生负有责任,建议由公司内部进行处理,处理结果报市应急管理局备案。

吴某达,监理单位总监,现场监理不到位,对事故的发生负有责任,建议由公司内部进行处理,处理结果报市应急管理局备案。

(2) 建议给予行政处罚的单位和个人

① 劳务分包单位,违反总承包单位的安全管理规定,且对现场的安全管理不到位,未按照施工方案施工,未按规定进行培训,致使员工安全意识淡薄,风险辨识能力不足,对事故的发生负有责任,依据《安全生产法》相关规定,建议由市应急管理局给予其30万元罚款的行政处罚。

② 总承包单位,对劳务分包单位的安全管理和教育培训不到位,未进行全员有限空间作业的安全和救援培训,未有效实施应急救援预案,对事故的发生负有责任,依据《安全生产法》相关规定,建议由市应急管理局给予其25万元罚款的行政处罚。

③ 监理单位,未认真履行监理职责,现场监理不到位,对事故发生负有责任,依据《安全生产法》相关规定,建议由市应急管理

局给予其 20 万元罚款的行政处罚。

④ 张某德，劳务分包单位总经理，未有效履行主要负责人安全生产工作职责，对事故发生负有责任，依据《安全生产法》相关规定，建议由市应急管理局对其处以 2019 年年收入(66 000 元)30%的罚款，计人民币 19 800 元。

⑤ 任某涛，总承包单位总经理，未有效履行主要负责人安全生产工作职责，对事故发生负有责任，依据《安全生产法》相关规定，建议由案例分析市应急管理局对其处以 2019 年年收入(145 092 元)30%的罚款，计人民币 43 527.6 元。

（三）中毒事故案例分析

1. 事故经过

2020 年 6 月上旬，某纺织印染科技有限公司污水处理站的反应池至初沉池的进水管道有堵塞现象，进水缓慢。6 月 13 日，纺织印染科技有限公司放假，污水处理站运营方公司股东、污水处理站负责人彭某毅决定利用这一时间段，采用硫酸冲洗堵塞管道的方式进行检维修清淤作业，并联系了某化学有限公司(该公司长期向该污水处理站提供硫酸，用于污水处理)。6 月 13 日上午 8 时，彭某毅指挥员工王某荣、沈某荣、莫某梁、沈某齐 4 人利用水泵抽水，至 10 时许，反应池的水基本被抽干，初沉池露出进水管道管口。王某荣、莫某梁两人将塑料管经初沉池西门、行车平台，插入进水管道管口内。

13 时 30 分，由彭某毅叫来的硫酸罐车(驾驶员为杨某斌，个体工商户)进入初沉池西侧道路边。13 时 35 分，开始向初沉池进水管道内打硫酸(浓度约 40%，总量约 2 t)。14 时 08 分，彭某毅认为进水管道已经疏通，停止打硫酸作业。此时，硫酸与污水、淤泥等发生化学反应，大量硫化氢等有毒气体被释放，并积聚于初沉池内。莫某梁由初沉池东侧门入内，沿初沉池边缘步行，准备收取离东侧门约 5 m 处抽水用的水管，因吸入大量硫化氢，中毒窒息并坠落至初沉池内。彭某毅、王某荣在初沉池外听到声音，由初沉池东门进入查看。由于里面光线黑暗，王某荣出去取手电筒，彭某毅大喊“出事了，人掉下去了”。

14 时 09 分，彭某毅拨打电话报告总经理刘某明。员工潘某斌、金某萍在初沉池西侧道路边听到呼喊声后，由初沉池西北侧门进入。至门口时，由于味道过重，金某萍指挥潘某斌取安全绳来，自己进入门内查看，因吸入过量硫化氢晕倒在初沉池西北侧门约 5 m 处边缘上。同时，沈某荣在初沉池东侧门外发现情况后，至机修间喊来潘某伟、徐某发，由初沉池东侧门进入。潘某伟与同时从西北侧门进入的潘某斌发现金某萍倒在地上，两人将金某萍抬至西北侧门口后短暂晕倒，潘某伟、潘某斌清醒后遇到外边的王某荣，共同将金某萍抬至值班室急救。14 时 15 分，王某荣拨打“110”电话。沈某荣、徐某发由东侧门进入后，先后因吸入过量硫化氢晕倒在初沉池边缘上。沈某齐、杨某斌随后发现情况，进入初沉池东侧门内，也因吸入过量硫化氢晕倒在初沉池边缘上。整个事发过程，所有人员均未实施有限空间作业审批，均未穿戴个人安全防护用品。

2. 原因分析

(1) 直接原因

① 污水处理站检维修作业时，采用硫酸冲洗清淤（非常规工艺），因硫酸与污水、淤泥中的硫化物发生化学反应，产生大量硫化氢。且初沉池顶部加盖，形成密闭空间，导致硫化氢无法及时散发，高浓度积聚于初沉池内。

② 作业人员进入初沉池平台后因吸入过量硫化氢而中毒窒息；施救人员盲目进入初沉池施救，导致事故扩大。

(2) 间接原因

① 污水处理站运营方安全生产主体责任履行不到位。

a. 未有效开展污水处理站环保设施项目安全风险辨识。污水处理站环保设施在项目改造过程中，采用了加盖废气收集装置，形成了密闭空间，增加了安全风险，但未有效开展相应的安全风险辨识，未采取相应的安全防范措施。

b. 未落实有限空间作业安全管理。未制定有限空间作业审批制度、现场安全管理制度、安全操作规程，无有限空间作业方案，无现场监护人员。

c. 安全培训不到位。主要负责人、安全管理人员未经过安全知识培训，不具备有限空间作业的安全生产知识和管理能力；未加强对员工的安全生产教育和培训。

d. 清淤作业安全风险辨识不足。在使用硫酸进行清淤作业过程中，危险性认识不足，未对初沉池内可能产生的硫化氢等毒性气体制定有针对性的预防措施，员工冒险进入初沉池平台作业和施救，导致事故发生。

e. 应急处置能力不足。未针对清淤作业制定切实有效的应急处置方案，现场应急救援器材配备不到位。险情发生后，现场缺乏科学有效的指挥和处置，盲目施救，造成事故扩大。

② 纺织印染科技有限公司安全生产管理不到位。

作为污水处理站所有人，将污水处理站发包给运营方运营管理后，未有效将污水处理站安全管理及有限空间作业纳入本公司日常安全管理，未履行对运营方安全生产工作的统一协调、管理。在当地政府部门监督检查污水处理站时，均以纺织印染科技有限公司为主体接受监督检查，污水处理站运营方员工均以纺织印染科技有限公司员工身份接受监督检查。

3. 事故性质

该起事故因企业使用硫酸进行管道清淤作业产生大量硫化氢，造成员工中毒窒息，且盲目施救导致事故扩大，事故调查组认定该起中毒窒息较大事故是一起生产安全责任事故。

4. 事故责任认定及主要处理建议

(1) 责任人员的认定及处理建议

① 彭某毅,污水处理站运营方公司股东、污水处理站负责人。对事故的发生及扩大负有主要责任,已涉嫌重大事故责任罪,鉴于已经死亡,建议免于追究责任。

② 刘某明,污水处理站运营方公司法人代表、总经理。对事故的发生负有主要领导责任,建议应急管理部门给予行政处罚;因已涉嫌重大事故责任罪,建议公安机关给予立案查处。

③ 宋某国,污水处理站运营方公司安全环保分管负责人。对事故的发生负有管理责任,建议公司给予撤职处理。

④ 吴某明,污水处理站运营方公司安全环保管理专员。对事故的发生负有管理责任,建议公司给予撤职处理。

⑤ 龙某胜,纺织印染科技有限公司法人代表、总经理。对事故的发生负有领导责任,建议应急管理部门给予行政处罚。

⑥ 靳某成,纺织印染科技有限公司总经理助理,安全环保分管负责人。对事故的发生负有管理责任,建议应急管理部门给予行政处罚。

⑦ 陈某强,纺织印染科技有限公司安全环保管理专员。对事故的发生负有管理责任,建议公司给予撤职处理。

(2) 建议给予处理的单位

① 污水处理站运营方。建议应急管理部门对污水处理站运营方进行行政处罚。

② 纺织印染科技有限公司。建议应急管理部门对纺织印染科技有限公司进行行政处罚。

(四) 爆炸事故案例分析

1. 事故经过

2020 年 9 月 24 日上午,某环保科技公司安排丁某新负责高效湿化氧化(HEWAO)污泥处理技术示范基地实验项目污泥暂存罐检修工作,丁某新组织黄某志、游某芳、邱某彬、钱某富开展检修作业。

9 月 24 日 7 时 29 分,丁某新等人携带电焊机、电缆线到污泥暂存罐底座附近,对管件进行切割与焊接作业。9 时 12 分,丁某新、钱某富分别爬上仓库屋顶斜面平台和污泥暂存罐罐顶。9 时 19 分,黄某志为传送一块铁片也爬上罐顶,邱某彬坐在地面的椅子上。9 时 23 分,丁某新爬在仓库屋顶斜面平台延伸出的斜梯上,将弯头管件对准罐顶平面侧边 ϕ50 mm 通气管口,同时在罐顶的钱某富、黄某志 2 人准备将弯头管件与通气管口进行焊接。在距通气管口处约 7 cm 的法兰螺丝上引弧瞬间,污泥暂存罐发生闪爆(事故发生时罐内污泥约占 2/3 容积,挥发气体有氨、硫化氢、甲烷等易燃易爆混合气体),罐体受到气体燃烧爆炸的冲击力,向上腾空后坠落。

爆炸造成在罐顶附近的丁某新、钱某富、黄某志3人从高处坠落，撞击周边物体后死亡。在地面的邱某彬因罐体爆炸反冲喷出的污泥推倒滑出约2 m，手部轻微擦伤。在控制室内的游某芳未受到伤害。

2. 原因分析

(1) 事故直接原因

环保科技公司员工在污泥暂存罐检修作业过程中，违规高处作业、动火(电焊)作业致罐内的可燃气体遇电焊引弧的明火和热能发生闪爆，导致事故发生。

(2) 事故间接原因

① 项目存在设计缺陷。环保科技公司未按照相关规范进行项目设计。项目用地狭小，导致工艺装置平面布局受限。污泥暂存罐罐体没有设计泄压、防爆装置，没有设计可燃气体浓度监测、报警与应急防护联动设施，给事故发生埋下隐患。

② 环保科技公司安全生产主体责任落实不到位，管理运维不当。一是检修焊接作业未经动火审批，擅自组织；二是检修焊接作业前未采取安全有效防护措施，未进行安全检查检测，未排除可燃气体隐患就进行焊接作业，造成可燃气体遇明火发生闪爆；三是未健全安全管理组织机构，未对从业人员进行专门的安全生产教育和培训，导致作业人员不清楚检修作业的风险隐患，安全生产意识淡薄，高处作业、动火焊接作业未持证上岗，不遵守作业规范引发事故。

③ 水务公司对厂区内环保科技公司污泥处理实验项目，在安全生产工作方面缺乏统一协调管理。一是未向有关部门报备，导致项目没有纳入有关部门的监管；二是未组织审查该项目的工艺技术安全性，导致项目没有采取与可燃气体相关的防火防爆措施；三是安全生产管理不到位，未对厂区内的实验项目进行安全检查。

3. 事故性质

事故调查组认定，该起闪爆事故是一起违规动火作业引起的较大生产安全责任事故。

4. 对事故有关责任单位和责任人员的处理建议

(1) 环保科技公司的问题及处理建议

① 企业负责人、技术负责人(设计人员)不具备相应的危险化学品方面安全生产知识，对该项目的安全性不掌握，对污泥暂存罐产生有毒有害气体的危险性认识不足；对项目所用新工艺、新技术的安全技术特性不了解，未采取有效防护措施；未对从业人员进行专门的安全生产教育和培训。

② 该项目由没有石油化工专业设计资质的单位设计，设计人员也不具备石油化工从业经历，平面布局不合理，装置、储罐安全距离不足，操作工房布置在储罐装置区，含有易燃易爆物料的储罐、装置区的电气设备、开关插座不防爆，没有易燃易爆有毒气体的检测仪表和报警装置、安全泄压和防护装置等。

③ 动火作业没有遵守相关法规规范要求，没有做到先检测再作业，未严格实行动火证管理，导致动火作业时罐顶通气管口可燃气体浓度超标。

环保科技公司对此次事故的发生负有直接责任，根据《安全生产法》相关规定，建议对其依法予以处罚。

(2) 水务公司的问题及处理建议

① 对厂区内污泥处理实验项目，在安全生产工作方面缺乏统一协调管理。未向有关部门报备，导致项目没有纳入有关部门的监管计划。

② 未组织审查该项目的工艺技术安全性，导致项目没有采取与可燃气体相关的防火防爆措施。

③ 安全生产管理不到位，未对厂区内的该项目进行安全检查。

水务公司对此次事故的发生负有间接责任，根据《安全生产法》相关规定，建议对其依法予以处罚。

(3) 事故责任人的问题及处理建议

① 丁某新，环保科技公司子公司工程部经理，该实验项目具体负责人。安全意识淡薄，未遵守安全生产规章制度和操作规程，动火作业未办理审批手续，组织没有特种作业证的人员进行高处焊接作业，造成3人死亡的严重后果。依据《安全生产法》相关规定，涉嫌构成犯罪，鉴于其已经死亡，建议不再追究。

② 许某波，环保科技公司法定代表人。对前述公司违法行为承担主要责任。依据《安全生产法》相关规定，建议处以上一年年收入40%的罚款。

③ 袁某文，环保科技公司股东，该项目技术团队负责人，对项目设计缺陷承担主要责任。依据《安全生产法》相关规定及该公司内部规章，建议暂停资格或撤职处分。

④ 田某刚，水务公司总经理。对前述公司违法行为承担主要责任，依据《安全生产法》相关规定，建议处以上一年年收入40%的罚款。

⑤ 钟某华，水务公司技术副总监。受公司总经理指派负责该项目技术安全工作，但安全检查不到位。建议按公司相关规定处理。

⑥ 黄某健，水务公司污水处理厂厂长。受公司总经理指派负责该项目安全管理工作，但检查不到位。建议按公司相关规定

处理。

⑦ 赵某华，水务公司副总经理，分管公司环保安全管理工作。未认真履行安全生产管理职责，对项目的安全检查不到位。建议按公司相关规定处理。

⑧ 黄某辉，水务公司环保安全部经理。未认真履行安全生产管理职责，对项目的安全检查不到位。建议按公司相关规定处理。